理工系の
技術文書作成ガイド

Ph.D. 白井　宏 著

コロナ社

まえがき

　本書は，科学技術文書や技術論文，実験レポートの書きかたと発表のしかたについてまとめたものである．
　工業高等学校や高等専門学校，理工系の大学や学部へ進んだ学生が，最初に提出を義務付けられ，まとめるのに悩むのは，実験レポートであろう．最近は入学時に小論文を課される場合もあるが，たいていの理系の学生は，文章をまとめるのが苦手な場合が多い．しかし科学技術文書を書くときの文章は，いわゆる国語教科の作文や感想文の類とは違うので，それほど心配する必要はない．なぜなら科学技術文書は数学の定理の証明のように，事実や論理の積み上げで作り上げるからで，読み手の想像力をかき立てるような，繊細で微妙な文章表現は必要なく，誰が読んでも間違いなく同じ結論に達するように書かなければならない．
　最近はいわゆる文系の方でも，統計データから得られた数値情報から，論理的に結論を導いたりすることも多くなっており，こうした論理的な文章の書きかたは非常に重要となる．
　理工系の研究者が研究したり，技術者が開発した成果は，新聞紙上を賑わすようなものはごく一部であり，決して派手ではないが，長い時間をかけた実験や解析，開発の積み重ねに基づく成果である．それだけに研究者の苦労の詰まったもので重みもある．自分が研究することによって新しい結果を出し，その内容を研究論文としてまとめ学術論文誌に投稿したり，学会で発表して他の研究者の方々に伝えることは，科学技術者にとっての喜びである．
　研究成果の内容をまとめ，それを報告書や研究論文の形にしたり，発表したりしてうまく他の人へ伝えることができると，またつぎの研究で素晴らしい成果を上げて，論文として発表してやろうという目標や抱負につながる．この本

が読者自身の文書作成，発表のスタイルを作る手助けになれば幸いである．

　本書で示している技術文書作成の書式等は，あくまでも標準的なものを示している．もし文章書式等があらかじめ指定されていれば，何よりもそれを優先して作成することに注意してほしい．

　技術文書を含め，最近の文書作成はパーソナルコンピュータ（以下パソコンと略す）のワードプロセッサ・ソフトウェア（以下ワープロソフトと略す）を用いる．したがって本書はワープロソフトを用いて，文書を作成することを前提に説明するが，本文で述べるように頭に浮かんだ文章原稿を直接パソコンのキーボードで入力して文書を作成することを意味しているわけではない．文章を吟味するには，できるだけ紙の上に書いて何度も繰り返し読み返して推敲することを心がけ，その文章をパソコンに入力するときに，漢字変換ミスをしないように注意する．

　本書の作成にあたり，いろいろな方からご意見をいただいた．さらに出版に際し著者のわがままなお願いを聞いてくださったコロナ社の皆さんに大変お世話になった．ここに記して深く謝意を表する．

2018 年 11 月

白　井　　　宏

目　　　次

1. 何を誰のためにまとめるのか?

1.1　学生実験報告書 ·· *1*
1.2　学術研究論文 ·· *2*
1.3　技術報告書 ·· *2*
1.4　発表資料 ·· *3*
1.5　説明書（マニュアル） ·· *3*

2. 研究者・技術者の倫理と知的財産権

2.1　研究者・技術者の倫理 ·· *5*
　2.1.1　利益相反 ·· *6*
　2.1.2　守秘義務 ·· *7*
　2.1.3　公益通報 ·· *8*
2.2　執筆者としての倫理 ·· *10*
　2.2.1　文書作成術を磨く（守破離） ·· *10*
　2.2.2　剽窃・盗用 ·· *10*
　2.2.3　ねつ造 ·· *11*
　2.2.4　改ざん ·· *12*
　2.2.5　二重投稿 ·· *13*
2.3　知的財産としての研究成果 ·· *14*
　2.3.1　著作権法 ·· *16*

- 2.3.2 特許法 ……………………………………………… *17*
- 2.3.3 実用新案法 ………………………………………… *19*

3. 文献を調査する

- 3.1 なぜ文献調査が必要か? ……………………………………… *21*
- 3.2 調査文献あれこれ ……………………………………………… *22*
- 3.3 文献調査の記録 ………………………………………………… *25*

4. 適した書式

- 4.1 文章体 …………………………………………………………… *28*
  - 4.1.1 公用文の文章体 ………………………………………… *28*
  - 4.1.2 送り仮名 ………………………………………………… *29*
  - 4.1.3 形式名詞,補助動詞は平仮名で表記 ………………… *30*
  - 4.1.4 句読点 …………………………………………………… *32*
  - 4.1.5 数表現 …………………………………………………… *32*
  - 4.1.6 使用文字フォント ……………………………………… *34*
- 4.2 用語と記号 ……………………………………………………… *35*
  - 4.2.1 学術用語 ………………………………………………… *35*
  - 4.2.2 単位 ……………………………………………………… *37*
  - 4.2.3 ダッシュ記号 …………………………………………… *44*
  - 4.2.4 量記号 …………………………………………………… *45*
  - 4.2.5 物理化学定数 …………………………………………… *47*
- 4.3 数式と図表 ……………………………………………………… *48*
  - 4.3.1 数式 ……………………………………………………… *48*
  - 4.3.2 関数名 …………………………………………………… *51*

4.3.3 図　　　　　表 ……………………………………… 52
4.4 転載と参考文献の引用 ………………………………………… 53

5. 実験結果や計算結果のまとめかた

5.1 実験結果のまとめかた ………………………………………… 59
   5.1.1 実験の詳細をノートに ……………………………… 59
   5.1.2 測定精度と有効数字 ………………………………… 60
   5.1.3 雑 音 の 影 響 ……………………………………… 61
   5.1.4 誤 差 分 布 …………………………………………… 62
   5.1.5 標 準 不 確 か さ ……………………………………… 66
   5.1.6 実験データの表示 …………………………………… 66
   5.1.7 測定値がある変数に対して変化する場合 ………… 68
5.2 計算結果のまとめかた ………………………………………… 76
   5.2.1 演算精度と有効数字 ………………………………… 76
   5.2.2 標本点数に気をつける ……………………………… 77
   5.2.3 グラフにメリハリをつける ………………………… 79

6. 論文の組立て

6.1 論 文 の 構 成 ……………………………………………………… 81
6.2 論文主題とその構成 ……………………………………………… 83
6.3 草 稿 を 作 る …………………………………………………… 85
   6.3.1 まずは手書きで ……………………………………… 85
   6.3.2 起承転結を考える …………………………………… 85
   6.3.3 論文主題部分をまず作る …………………………… 86
   6.3.4 結 論 を 作 る ………………………………………… 87

6.3.5　序論を作る……………………………………………… 88
　6.3.6　論文標題を確定する…………………………………… 89
　6.3.7　論文概要を作る………………………………………… 89
　6.3.8　参考文献を整理する…………………………………… 90
6.4　英文の注意……………………………………………………… 90
　6.4.1　イギリス英語とアメリカ英語の違い ………………… 90
　6.4.2　書　　　式……………………………………………… 92
6.5　原稿を整える…………………………………………………… 93
　6.5.1　流れを大切に……………………………………………… 93
　6.5.2　正しい用語……………………………………………… 93
　6.5.3　断定表現を使う………………………………………… 94
　6.5.4　できるだけ定量的な評価を…………………………… 94
　6.5.5　正確な記述……………………………………………… 94
6.6　何度も読み直しを……………………………………………… 97

7.　投稿から出版まで

7.1　有審査論文の投稿から出版までの流れ …………………… 99
7.2　具体的な作業…………………………………………………… 99
　7.2.1　投　　　稿……………………………………………… 99
　7.2.2　著作権譲渡とは?………………………………………… 101
　7.2.3　査　　　読……………………………………………… 101
　7.2.4　査読報告書……………………………………………… 102
　7.2.5　編集委員会の採録判定………………………………… 103
　7.2.6　判定に対する執筆者の対応…………………………… 104
　7.2.7　ゲラ校正………………………………………………… 105

8. 発表のしかた

- 8.1 口頭発表かポスター発表か? ……………………………………… 107
- 8.2 口　頭　発　表 …………………………………………………… 108
  - 8.2.1 発表スライド資料 ……………………………………………… 108
  - 8.2.2 十分な練習を …………………………………………………… 110
  - 8.2.3 指示棒の使いかた ……………………………………………… 111
  - 8.2.4 下　準　備 ……………………………………………………… 112
  - 8.2.5 いよいよ発表 …………………………………………………… 112
- 8.3 ポスター発表 ……………………………………………………… 114
  - 8.3.1 発表ポスター作成 ……………………………………………… 114
  - 8.3.2 下　準　備 ……………………………………………………… 115
  - 8.3.3 いよいよ発表 …………………………………………………… 116
- 8.4 他人の発表を聞くのも勉強 ……………………………………… 116

引用・参考文献 ……………………………………………………………… 118
索　　　引 …………………………………………………………………… 120

1 何を誰のためにまとめるのか？

　理系の文書作成といっても，いろいろなものがあり得る．その内容により，誰が読むのかによってもまとめかたは変わってくる．最初に代表的な技術文書について挙げてみよう．

1.1 学生実験報告書

　理系の学生が最初に書く可能性がある技術文書は，学生実験科目の**実験報告書**（**実験レポート**）であろう．学生実験の場合には，通常あらかじめ決められたテーマの実験を，同じ実験設備，材料を用いて，同じ実験手順にしたがって行い，その結果をまとめて報告する．学生がまとめかたを学習することを目的としているので，新しい結果を求めているというより，報告書のまとめかた，例えば報告書の書式に慣れ，得られた結果データを図や表にどのように表すのか，その結果からどのような考察ができるかを繰り返し勉強する．実験報告書を読むのは担当教員に限られ，その担当教員はその実験内容はもちろん，その結果もどうなるかはたいていわかっている．ページ数は実験データ量にもよるが，おおよそ数ページとなる．

　実験報告書のスタイルは，通常書きかたが指定されており，目的，原理，方法を書いたあと，実験データとその結果についての検討・考察を報告することになる．

1.2　学術研究論文

学術研究論文とは，理工系の学生，研究者，技術者が新しい研究成果を専門分野の学会の発行する学術雑誌や学会が主催して開催する国内外の会議の講演録等へ投稿し，公開する論文である．ページ数は数ページが一般的であるが，十数ページから数十ページに及ぶものもある．

その論文の内容は，その分野の学会に所属した学会員のような専門的な知識をもつ人達のために書かれている．難しい専門用語やすでに発表されている過去の同類の学術論文や著書を引用しながら，新しい成果を報告する．こうした学術論文が学術雑誌や講演録に掲載されるためには，通常**査読**といって同様の研究をしている複数の研究者によって，その論文が学術的な価値があるかの判定が入る．したがってこうした学術論文が一流の学術雑誌に掲載されることは，研究者，技術者としての憧れでもある．また大学院で博士の学位を取得するには，複数の学術論文を発表していることが条件になっている．

理工系の大学や大学院の学生が学位を取得するために，研究成果をまとめる卒業論文，修士論文，そして博士論文もこの部類に入るが，ページ数は数十ページから 100 ページを超える大作もある．

特許や実用新案等の申請技術書類などもこの分類に含まれるが，本書はこうした学術研究論文の形にまとめて書くことを最終的な目的として書かれている．

1.3　技術報告書

学校や企業内のグループで作成される**技術報告書**も学生実験報告書にスタイルは近いかもしれない．この場合もあらかじめ与えられた実験やデータ収集をした結果をまとめて報告する．したがって読む対象者は，同じグループに属するほぼ同じレベルの知識をもつ研究者や技術者に限られ，実験や解析手法の詳しい説明は省き，おもに結果のまとめとその解析報告になる．

1.4　発表資料

　最近は，報告書・資料を書いて学内外（社内外）に提出するだけではなく，その内容を基にして，聴衆の前で発表することが多い．

　こうした**発表資料**は，少し前であれば大きな紙に手書きした資料を掲示板に貼ったり，写真のポジフィルムから作ったスライドを投影したり，透明なフィルムシート上に手書きあるいはコピー機で複写してOHP（オーバーヘッドプロジェクタ）で投影したりしていた．しかし今ではパーソナルコンピュータ（以後パソコンと省略する）で作った資料を，口頭発表の場合には外付けの液晶プロジェクタで投影して表示することが一般的になっている．また広い会場に掲示板を並べて発表内容を示したポスターを展示して，その前で発表する場合もある．

　発表する内容は学術論文の内容を学会で口頭発表するときに使う資料や研究・技術報告を大学の研究室や会社の課内で行う資料であったり，新製品の説明を一般，あるいは報道向けに行う場合もある．また発表時に配布資料として発表資料と同じもの，あるいは別の資料を配布する場合もある．発表するときのスライド資料は，単に報告書に書かれた内容をそのまま転載・引用するのではなく強調したい内容だけを，かいつまんで正確に情報を伝えることが重要である．

1.5　説明書（マニュアル）

　市販している製品や実験装置の**使用説明書**を読む対象は，たいていその製品，装置に慣れていない人である．購入した製品に付属している説明書を思い出してほしい．特に市販製品の取扱説明書は，まったくその分野の知識のない人が使う可能性があるので，専門用語を含めて，各種の用語の説明をする必要もある．取扱いのしかたを間違えないように，また困ったときの対処も書いておく必要がある．

1. 何を誰のためにまとめるのか?

なお最近の取扱説明書は，すべての機能を説明するのとは別に，ある程度の知識のある人やとりあえず使ってみたい人のために，最低限の使用方法を説明した，いわゆる'クイックスタートメニュー'のようなものが付いていることも多い．

コーヒーブレイク

印刷技術

本書の目的は，読みやすい技術文書を書くことであるが，文章が美しくレイアウトされ装丁された本は，その内容を引き立てるので，大変重要である．今まではこうした作業は著者ではなく，出版編集者に任されていたが，最近はパソコンを使って，簡単にプロに近い印刷出力を得ることができるようになった．

もともと印刷技術は中国で始まり，現在も多くの古い経典類が残る．年代が確定している最も古い印刷物は日本の天平時代の百万塔陀羅尼と呼ばれる経典で770年に印刷され，小型の塔に収められたものであるといわれている．活字を組み替えて印刷する**活版印刷技術**は15世紀にドイツのグーテンベルグ（Gutenberg, J.）によって始まったといわれ，彼が印刷した美しい42行聖書のアジアで唯一の完全本が慶應義塾大学図書館に所蔵されている．彼は印刷技術を開発したものの，聖書印刷の需要はそれほど多くなく，共同出資者フストが起こした訴訟に敗れて破産している．当時印刷会社は教会関係の印刷物，特に贖宥状（免罪符）の大量の印刷で成り立っていたようであり，聖書のようなページ数の多い本は値段も高く，あまり売れなかったのであろう．ちなみに，英単語を区切るハイフン記号を最初に考案したのもグーテンベルグといわれている．

日本では多色刷りの浮世絵版画の技術が江戸時代に進み，その当時の高度な技術は世界一であり，絵画的にも印象派の画家に大きな影響を与えた．

2 研究者・技術者の倫理と知的財産権

　日本学術会議は，科学者が主体的かつ自律的に科学研究を進めるため，さらに科学の健全な発達のために，2006年に**科学者の行動規範**を定めた．その後データのねつ造や論文の盗用といった**不正行為**が起きたこと，また東日本大震災を契機として科学者の責任問題が話題になったこともあり，2013年に改訂されている[5]†．

　また文部科学省は，研究活動の不正行為に対する基本的な考えかたや不正行為を抑止する研究者，科学コミュニティおよび研究機関の取組みを促しつつ，不正行為に適切に対応するための指針を「研究活動における不正行為への対応等に関するガイドライン」として示した[6]．

　本章では，研究者が研究を進めたり，技術者が技術開発を行ううえでもつべき研究者・技術者の**倫理**と，研究活動によって得られた成果や開発した技術である知的財産権について考えよう．

2.1　研究者・技術者の倫理

　研究者がある研究を遂行するとき，または技術者がある技術を開発するとき，いつも心に留めておく必要があるのは，その研究や開発技術の社会における位置付けである．自分の研究や技術は社会の中でどのような分野で使われ，どのように社会に影響を及ぼすのか？　またどのように展開していく方向にあるのかを期待を含めてつかんでおくことが望まれる．こうした位置付けは研究論文の

---
† 上付き数字は巻末の引用・参考文献番号を表す．

序論を書くときにも使われることになる．もちろん科学技術の発展は早く，絶えず需要も変化しているから研究・技術動向も時として思わぬ方向に進み，まったく考えていない分野での応用も見つかるかもしれない．

2.1.1 利益相反

図 2.1 は，ある研究者・技術者の社会における立場を表している．研究者・技術者は自分個人のみで研究していることはほとんどなく，大学や会社の一員として，さらにもっと大きな組織としては地域や国に属し，そして地球上の一生物として存在している．したがって，所属しているそれぞれの立場において，研究や技術開発に対する制約や倫理が求められ，そうした制約の中で行う研究や技術開発には利益相反が起きることがある．**利益相反**（Conflict Of Interest：COI）とはある人のもっている二つの異なる役割や立場における利益が，たがいに相反している状況を指す．

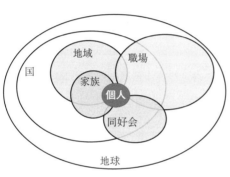

図 2.1　研究者・技術者が属している社会

例 2.1（設計ミス）　あなたが，ある会社である製品の設計にかかわったとする．その製品が作られ市販されたあとで，設計ミスに気がつき，まだ事故の報告はないけれども，重大な事故に繋がるかもしれないことがわかったとき，あなたはどうするか？　会社はその事実を公表したら設計変更のうえ，すでに出回っている製品を回収し無料修理を行わなければならなくなり，会社の名前に大きく傷を付け，会社に多大な損失を与えることになる．自分は責任を取って辞職しなければならなくなることを覚悟で，設計グループの仲間とその事実を共有して，会社に伝えることができるか？　またもし会社の判断として，事故はまだないからその事実を公表しないことになったときに，あ

なたはどうするか？

あなたが会社の一員として設計したものは，会社の利益のために使われるべきで，もちろんあなたは会社に対して行った仕事に対する**守秘義務**（duty of confidentiality）もある．しかし将来起こるかもしれない大きな事故は，あなたがさらに上の社会の一員として国や地球レベルの利益で考えたときには，会社の利益とは相反するかもしれない．事態の重要性の大小はあるかもしれないが，誰でもこうした状況が起きる可能性がある．このときに研究者や技術者は自分自身のもつ**倫理観**に基づいて地球レベルに立った行動が望まれる．自動車や家庭用電気機器メーカが販売した製品を回収して無料修理する，いわゆるリコールをするのも，事故が起きる前にできるだけ，事実を公表して修理をしようとしているからである．

> **例 2.2（大学の研究と産学連携）** 大学における研究は，そもそも広い社会全体に還元したり，寄与できるものを研究し，公共の福祉に貢献できることを目指している．一方企業の研究は，その経営のために研究によって得られた知識，技術や情報を独占して競争力を保ち，利益を追求する．もし大学が企業との連携やベンチャー企業を立ち上げて研究をするとしたら，研究に対する考えかたが利益相反にならないか？

最近は大学でもすぐに社会に役立つような研究や技術開発をしようと産学連携を推進しており，大学の研究や技術を一部の企業と共同で開発したり，大学内に教員が社長となるベンチャー企業を立ち上げたりする例がある．この場合には研究内容も利益相反になる可能性もあり，大学組織や学術団体内で**利益相反**を管理する制度作りが行われている．

2.1.2 守秘義務

守秘義務とは，ある職業や職務に従事する人や契約をした人が，業務上知った秘密事項を守り，それらの情報を勝手に開示してはならないという義務のこ

とである.

こうした義務は，例えば公務員については公務員法の中に，弁護士については弁護士法の中に明確に規定されている．しかし前述の例でも示したように，会社員が会社に対して行った仕事に対しても守秘義務があるように，立場に応じていろいろな守秘義務があり，こうした守秘義務をそれぞれの立場で守らなければならない．

研究者としての重要な守秘義務の一つに論文審査に対する守秘義務がある．論文審査はその論文が学位取得のため，あるいは学術賞のために提出されたときに，その論文がその学位に，あるいはその賞に見合うものかが審査される．また学術誌の研究論文は通常それが出版される前に，この論文が出版に値するかどうかを**査読**によって審査する[†]．こうした審査は同様の研究を行っている複数の研究者によって行われ，審査員は一定の期間内にそれらを読んだうえで，新規性があるか？ 内容に間違いはないか？ 出版する価値がある論文か？ といった評価を報告し，最終的には審査委員会や論文編集委員会が審査結果を判定する．審査対象の論文は未発表の論文であるので，出版前にその論文の存在自体を知っている人は，執筆者以外にはその審査にかかわる審査員だけである．通常その審査は，審査の公平性を保つためにも非公開で行われるので，審査員であることや審査結果を勝手に他人に漏らしてはならない．またこの研究内容を審査員が他人に漏らしたり，自分の研究に使うことは守秘義務に反するので絶対にしてはならない．

2.1.3 公 益 通 報

研究者・技術者は自分が行った研究，技術開発に対して責任がある．その研究，開発内容が，特に**公衆の安全，健康と福利を脅かす可能性**が高いとき，最初に職場の上司，雇用主や依頼主に予想される可能性を報告することが必要である．

もしこの報告によっても適切な対応がされない，あるいはその対応が十分で

[†] 査読についての詳細は 7.2.3 項を参照．

ないと思われる場合には，たとえそれが前述した守秘義務を破る可能性や，自分自身と所属する組織に不利になるという利益相反にあたるとしても，適切な公的機関に報告する．これを**公益通報**，あるいは**内部告発**という．

> **例 2.3**（**電力会社による安全検査記録隠ぺい事件**）　2000年7月，日本にある複数の原子力発電所の計13基の点検作業を行った米国人技術者が，通商産業省（現 経済産業省）に対して，原子炉内の六つのひび割れ箇所について，自主点検記録が改ざんされ三つとなっていたことと，原子炉内に忘れてあったレンチが炉心隔壁の交換時に出てきたことを告発する文書を実名で送った．
> 　この告発を受けて，原子力安全・保安院が事実関係を調査し，2002年になって記録の改ざんと隠ぺい不正を会見で報告した．その会見後，電力会社の社長は記者会見して不正疑惑に対して陳謝し，それから数日後に社長はじめ，社長経験者5人が引責辞任した．

公益通報をすると，雇用主から不当な取扱いを受けるのではないかという心配があるが，公益通報者や内部告発者に対する解雇や減給その他不利益な取扱いを無効とし，公益通報者を保護するために，わが国でも労働法の一つとして2006年に**公益通報者保護法**が施行された[†]．通報先は業務に関係した監督官庁や警察，検察などの取締部局のほか，消費者団体や新聞，報道機関等があり得る．

　公益通報はあくまでも最終的な手段であり，問題が複雑化したり長期化する可能性もあるので，できるだけ関連部署内で適切な処理が行われることが望まれる．

　米国では20世紀後半から国防産業に対する不正防止対策から，**企業倫理綱領**の制定が盛んになったが，今世紀になってからわが国でもこうした公益通報による企業の不祥事が盛んに報道されるようになった．最近は公益通報に至らないような企業倫理綱領の重要性が叫ばれ，多くの企業が倫理綱領の設定と社内で倫理教育をするようになってきている．

[†] 関連法案には'公益通報'という用語を使い，'内部告発'という用語は使われていない．

2.2 執筆者としての倫理

2.2.1 文書作成術を磨く（守破離）

技術文書をまとめるにあたっては，最初から素晴らしい文書が書けるわけがない．したがっていろいろな文献を読みながら自分の文書作成術を磨くことになる．こうした文書作成術を磨く過程には他の分野でも使われる**守破離**の考えかたにも共通する．

例えば '習字' から '書道' への過程を考えてみよう．小学校で最初は文字の形，書き順を習い，先生の '手本' を見て，いかにその手本と同じような字が書けるか繰り返してまねる（守）．この状態はまだ '習字' である．つぎに基本型からいろいろな文字の変形のしかたを習い，それらを組み合わせて自分の作品に仕上げてゆく（破）．この段階ではまだお手本風，あるいは先生風の書体の文字の集まりであることが多い．最後に自分自身の独自の書法・書風を編み出していく（離）．こうなれば '書道' と呼べる†．

読みやすい間違いのない文章を書くためには，多くの文献を読みそれらの論文の書きかたのよいところをまねることも必要である．ここで注意しなければならないのは，あくまでも言い回しや書きかたをまねるのであり，他人の文章そのものを抜き出して使用するということではない．以下に執筆に関して研究者がやってはならない倫理に反した行為について述べよう．

2.2.2 剽窃・盗用

他の人が出した研究成果や著作物を無断で自分の成果のように用いることを**剽窃**(ひょうせつ)（plagiarism）または**盗用**という[7]．これは，他の人のもつ知的財産を侵害する行為であり，ことの重大さによっては法律によって処罰される．最近はイ

---

† 手本を見て書くことを**臨書**という．臨書にも大きく分けて，手本となる文字の形をまねて書く**形臨**と，手本の意図を考えながら書く**意臨**，さらに手本となる書を書いた作者の作風を自分のものとして書く**背臨**があり，これらがそれぞれ守・破・離に対応しているということもできる．

ンターネットを用いて簡単に関連文献が検索できるので便利になった反面，こうした文献の内容をそのまま複写し転載する，いわゆる**コピペ**（copy and paste）が簡単にできてしまうので注意が必要である．

こうした剽窃行為をしないように欧米では昔から教育し，その行為に対しては厳しく処罰される．学生の場合には退学や停学の処分となったり，企業では免職となることもある．

日本では他国に比べ剽窃に対して従来比較的寛容であった．これは歴史的伝統や技術の継承を重んじる芸術，技術の世界において，何年も修行し，弟子は最初に親方の仕事を正確にまねること，また見本となるべき作品を寸分違わずに模倣することによって技巧や技術を習得してきたことに関係しているかもしれない．例えば伊勢神宮は，過去1300年にわたり20年ごとの式年遷宮の儀式により，社殿や神宝を昔と同じものを作り直しており，現在でも昔の姿を忠実に残しているといわれている．これは剽窃とはまったく違うが，前述した'守'の行為であり，基本を学び伝統を継承するうえで重要であり，学ぶことも多いが新しい成果ではない．この剽窃について，最近は厳しい処分がくだされるようになってきているし，研究者は絶対にすべきではない．

過去を含めてほぼ同時期に同じような研究をしている研究者も世界中にはいる可能性も高い．したがって他の研究や成果物を正確に把握し，自分の研究との違いを明確にする必要がある．

2.2.3 ね つ 造

実際には存在しない事実や現象，データをあたかも実在するかのように作り上げる行為を**ねつ造**（捏造）（forgery, fabrication）という．

例 2.4（旧石器ねつ造事件）　日本の前期・中期旧石器時代の遺物や遺跡だとされていたものが，発掘調査に携わっていた考古学研究家が石器を事前に埋めることによるねつ造だったと発覚した事件がある[8]．1970年代半ばから各地の遺跡でねつ造による「旧石器発見」を続けていたが，石器を事前に埋

めている姿を新聞にスクープされ不正が発覚した．これにより日本の旧石器時代の研究に疑義が生じ，中学校・高等学校の歴史教科書はもとより大学入試にも影響が及んだ．

科学技術に携わる者または研究者・技術者は，ありもしない実験データや数値データをねつ造して自分の作り上げた仮説を検証しようとすることがあってはならない．

貴重な実験データは，長い時間と多大な費用をかけて得られたものであることが多いが，同じ方法によって別の研究者も同じ結果を再現できなければ**信頼性**がない．したがって実験手順やサンプル材料，計算プログラム等をあとでいつでも検証できるように詳細に保管しておくことが必要である．

2.2.4 改　ざ　ん

すでに公表されている事実や研究で得られたデータ等を自分の都合のよい部分だけを抜き出して使ったり，データ値を変更したりする行為を**改ざん**（改竄）（alteration, falsification）という．

例 2.5（自動車の燃費データの改ざん事件）　自動車メーカは，国や販売用のカタログ等に販売している自動車の燃費を公開するが，昨今のエコカーブームもあって，消費者も燃費のよい自動車を選ぶ傾向がある．そこでメーカは，あらかじめ決められた正しい測定法を用いないで，測定した都合のよいデータだけを抜き出す不正な方法で車の燃費を測定して公表していた．不正を公表したあとで，メーカは販売停止や賠償金の支払い等に追われた．

こうした事件を複数のメーカが起こしていた事実を受けて，国土交通省は燃費不正の防止策として，法律で定められた検査機関が自動車メーカの燃費の測定に抜き打ちで立ち会って検査する措置を導入したり，より厳格な国際基準に基づいて燃費データを測定する方法を前倒しして導入することを決めた．

データの改ざんも研究成果の信頼性を失う行為であり，してはならない．

測定データ等は，意図的ではなくても計測時の雑音や読み取りミス等により，時として予測と反した値を取ることがある．したがってこうしたデータの取り間違いを防ぐには，できるだけリアルタイムに測定データを確認しながら実験を行い，おかしなデータが出たときには，直ちに実験の再確認や取り直しをしたほうがよい．

また測定データには誤差が含まれているのが普通であるし，測定データを用いて示そうとする理論の間違いもあり得るから，貴重な測定データは，できるだけ詳しく公表し，予想した理論値とどのくらい一致するのか，あるいは一致しないのかを考察する．データを公開したあとの研究で理論の修正がされたり，もっと測定値とあう新しい理論が生み出されるかもしれない．ノーベル賞級の研究成果も時として従来の考えかたでは説明できないところから生まれている．

2.2.5 二重投稿

ほとんど同じ内容の研究成果を異なる学術論文誌等に投稿することを**二重投稿**（double submission）という．

素晴らしい研究成果が出たときには，研究者はそれをいち早く広く公表したいという気持ちになる．その成果を学術論文誌等に発表する場合には，論文としてまとめて投稿し，それが掲載されるまでには，その論文が掲載するにふさわしい内容をもつかを評価する査読・閲読作業や最終的な出版のための編集作業が必要となるので，時間がかかるのが普通である[†]．学術論文誌によってはこうした作業に1年かかることもある．また査読によって内容の修正や追加検証が必要になれば，さらに時間がかかる．そこで学術論文の掲載を急ぐために，早く掲載の判定が下される論文誌を選ぶために，あるいはあわよくば2本の学術論文として論文数を増やすために研究者が二重投稿を意図的に行うことがある．この行為も研究者倫理に違反する行為であり，してはならない．

二重投稿は掲載後に読者によって発覚することもあるが，実際には査読の過程で発覚することが多い．最近のほとんどの学術論文誌や書籍出版物はインター

[†] 論文の投稿から出版までの流れについては7章を参照のこと．

ネットの発達によって電子化されている．こうした電子化された出版物は有料で販売されていることもあるが，検索でその書籍の内容がわかるように，'論文概要'の部分は無料で公開されていることが多い．投稿された論文を編集者が査読者を探すため，あるいは査読者が関連論文をキーワードやタイトルでインターネット検索したりすると，同様な研究をしている研究者や研究論文が見つかる．たまたま別の論文誌に二重投稿された論文が，偶然にも同じ査読者に査読依頼が行くこともあり，こうして二重投稿が発覚することもある．

こうした事例が判明すると，編集にかかわる論文委員会が最終的に事実確認を行い，二重投稿と判定されると投稿論文は返戻され，ある一定期間，所属している学会団体の発行する学術論文誌への投稿が禁止となるような制裁措置を受けることがある．

時として問題になるのは，執筆内容がまったく同じではなく，研究成果の一部が重複している場合である．論文に書かれている内容がどの程度重複していたら問題になるかは，分野によっても異なると思われるので判断は難しい．例えば書かれている研究成果の内容が，30％程度重複していても二重投稿とみなされる場合もある．自分の論文であっても故意に関連した先行論文を引用しないと二重投稿を疑われるので，その論文を引用したうえで，違いを明確にしておく必要がある．

2.3　知的財産としての研究成果

動産や不動産のように，形のある'もの'に対する所有権とは異なり，人間の幅広い知的な創作活動の成果（情報）について，それを創り出した人に対して一定期間の権利保護を与えるために，**知的財産権**が認められている．知的財産権は**知的所有権**とも呼ばれる．知的財産とは，「発明，考案，植物の新品種，意匠，著作物その他の人間の創造的活動により生み出されるもの（発見又は解明がされた自然の法則又は現象であって，産業上の利用可能性があるものを含む．），商標，商号その他事業活動に用いられる商品又は役務を表示するもの及び営業

秘密その他の事業活動に有用な技術上又は営業上の情報をいう．」と規定されている（**知的財産基本法** 第 2 条）．

知的財産には大きく分けてつぎのようなものがあり，それぞれの財産に応じて対応する法律が定められている．

- 創作意欲を促進するための知的創造物についての権利と関連法案
    - ★**著作権** （著作権法）学術，美術，音楽，文芸，プログラム等を保護．著作者の死後 50 年まで有効．ただし法人は公表後 50 年，映画は公表後 70 年有効．
    - ★**特許権** （特許法）発明を保護．出願後，登録により発生し，出願日から起算して 20 年で満了．
    - ★**実用新案権** （実用新案法）物品の形状等の考案を保護．出願後，登録により発生し，出願日から起算して 10 年で満了．
    - ★**意匠権** （意匠法）物品のデザインを保護．登録してから 20 年有効．
    - ★**回路配置利用権** （半導体集積回路の回路配置に関する法律）半導体集積回路の回路配置の利用を保護．登録後から 10 年有効．
    - ★**育成者権** （種苗法）植物の新品種を保護．登録してから 25 年有効．樹木は 30 年有効．
    - ★**営業秘密** （不正競争防止法）顧客リストや営業上のノウハウの盗用などの不正競争行為を規制．
- 信用を維持するための営業上の標識についての権利と関連法案
    - ★**商標権** （商標法）商品やサービスに使用するマークを保護．登録してから 10 年有効．ただし更新ができる．
    - ★**商号** （商法）商号を保護．
    - ★**商品表示，商品形態** （不正競争防止法）混同表記行為，著名表示冒用行為，形態模倣行為，誤認表記行為，インターネットのドメイン名の不正取得等の不正競争行為を規制．

以上のように，研究成果が最終的に商品価値をもつようなものに成長すれば，いろいろな形でその成果物は保護されることになることを知っておく必要があ

る．大学や企業で行われている研究のすべてがこうした価値を生むものになるわけではないが，一番関連がありそうな著作権，特許権と実用新案権について簡単に紹介する．

2.3.1 著 作 権 法

ある人が自分の研究成果をまとめたものは，著作物として**著作権法**という法律の保護対象となり，<u>何の手続きをしなくても著作物についての権利が保護されている</u>．著作権法の対象になる著作物は，研究論文だけでなく，言語，音楽，映画，絵画，建築，図形や最近はコンピュータのプログラムなどの表現形式で創作したものが対象であり，厳密には公表していなくても，それをいつ公表するか（**公表権**）を含めて著作権法の対象になる．

著作者の権利は，「人格的な利益を保護する**著作者人格権**と財産的な利益を保護する**著作権（財産権）**」の二つに大別される（著作権法 第 17 条）．

著作者人格権は，著作者だけがもっている権利で譲渡したり，相続したりすることはできない（**一身専属権**）．この権利は著作者の死亡によって消滅するが，著作者の死後も一定の範囲で守られている．著作者は，その著作物が著作権で守られる一方で，もちろん著作物の内容に対して責任も生じる．特に研究発表内容に間違いがないか最新の注意をしなければならない．

一方，財産的な意味の著作権は，その一部または全部を譲渡したり相続したりできる．したがってそうした場合の権利者（著作権者）は著作者ではなく，著作権を譲り受けたり，相続したりした人ということになる．著作権は英語でcopyright といい，書籍や学術論文の最初のページの脚注に © 印とともに著作権の保有者が誰であるかが示されていることが多い．学術論文を学会誌に投稿したり，著作物を出版社から出版する場合には，将来に別の形で出版する**二次利用**[†]も含めて出版する学会や出版社にその著作権を譲渡する場合が一般的で

[†] 例えば一度書籍として出版したものを再度編集し直して出版したり，別の媒体，例えば CD-ROM や DVD に入れて電子ファイルとして出版するような場合を二次利用という．

ある．譲渡内容は**著作権譲渡**の契約†によるが，自分の研究成果であっても勝手に二次利用することが制約されるので，注意しなければならない．

別の著作物から図表等を転載する場合には，その原著者に了解を取り，著作権を保有する学会，出版社から**転載許可**を得たうえで，改変することなく，その転載を明示する必要がある．転載のしかたについては4章で述べる．

2.3.2 特　許　法

研究や開発によって新しい成果が出たとき，その成果の学術的な意味が高ければ，その成果を学術論文誌に発表し，広く社会に公表することになる．それに対して，その成果を利用して新しい商品開発を行うことを考えると，特許や実用新案を申請してそれを取得する必要がある．先に学術誌に発表してしまうと，その研究成果は公知の事実となり，のちに特許としての申請は難しくなるから，申請の順番が重要である．

日本では一番最初に出願した人に特許権を与える先願主義がとられているので，誰が最初にそのアイデアを考えたかではなく，誰が最初に出願したかで特許権が認められる．したがってもし学術誌に公開された内容を基に，まったくの別人が特許を出願し，公知の事実が特許審査で見逃された場合，出願人がその権利を取得してしまうこともあり得ることになる．

企業に所属している研究者や技術者にとって，新しい成果が出たときにはまず特許を申請してから学術的な研究内容を論文として発表するという順番をとることになるのは，企業の利益を守るために当然のこととなる．企業の所属で研究者や技術者が論文を発表しても，その会社の利益になることは少ないからである．

一方，大学や研究所に所属する研究者にとっては，以前は研究成果を使って論文をたくさん出すことが一番の業績であった．しかし最近では企業との共同研究や学内の知的財産管理も進んできており，大学からの特許出願が増加傾向にある．

---

† 101ページの7.2.2項を参照のこと．

あとの 7 章で述べる学術論文を**投稿**してから出版に至る審査期間以上に，出願された特許が査定を受けて最終的に登録されるまでには長いプロセスと時間がかかるので，それを念頭に特許の出願準備をする必要がある[†]．

図 2.2 に特許の出願，確定から権利満了までの流れの概略を示す．日本の場合，Ⓐ特許を特許庁に出願してから 1 年半すると，Ⓑその出願内容が公開（**出願公開**）されて誰でもその内容を知ることができるようになる．Ⓒ出願後 3 年以内に改めて**出願審査請求**されたものに対して，特許庁の審査官がその特許の内容を審査する．Ⓓもし特許要件が満たしていると判断される（**特許査定**）と，

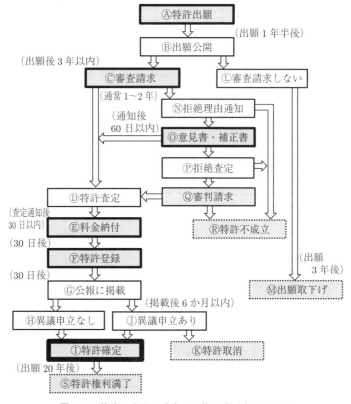

図 2.2　特許の出願，確定から権利満了までの流れ

[†] なお権利化を特に急ぐ場合には，特別な請求により特許審査期間の短縮（例えば 3 か月程度に短縮）も可能である．

Ⓔその通知をもって 30 日以内に 3 年分の登録料を支払えば，Ⓕ**登録料**の納付後約 1 か月で特許として登録され，Ⓖ約 1 か月後には**公報**にその内容が掲載される．

Ⓗ公報掲載後 6 か月以内に第三者から異議申立がなければ，Ⓘ特許は確定する．Ⓙ**異議申立**が認められると，Ⓚ特許は取り消される．

Ⓛ出願後 3 年以内に出願審査請求がなされなかった場合には，Ⓜその特許出願は取り下げられたものとみなされる．

もし審査の結果，Ⓝ特許の要件を満たしていないと判断されると**拒絶理由通知**が出願人に送られるので，Ⓞそれに対して意見書や特許の範囲を補正して再度審査を請求することができる．Ⓟ拒絶理由通知後 60 日以内に意見書の提出がないとき，あるいは意見書によっても審査官の考えが変わらないときは，**拒絶査定**の通知が送られるので，それを不服とする場合には，Ⓠ特許庁審判部における審判によって争う．審判部における審決に対する不服は，知財高裁にて争う道も開かれている．Ⓡもし拒絶査定の結果が変わらなければ，特許は不成立となる．

Ⓢ特許の存続期間は原則として特許出願した日から 20 年であるが，特許権が行使できるのは正式に特許と認められ，特許料が納付されて特許原簿に登録された日（**設定登録日**）からになるので，実質的な特許の有効期間は 20 年よりも短い．また，たとえ特許が取れたとしても，それを維持するには毎年特許庁に特許料を支払う必要があり，なかなか個人では特許を維持することは難しい．

2.3.3 実用新案法

特許と類似した知的財産に**実用新案**がある．特許との厳密な線引きは難しいが，技術的な思想のうち，特許に準じる独創的な物品の形状，構造ならびにそれらの組合せに対して出願することができる．ただし物の生産方法や機械の制御方法といった方法は，保護対象から除外される．

出願すれば，出願後 4〜6 か月後に登録されるので，特許に比べ早く権利化でき費用も安いので，実用新案を登録してからあとで特許出願に変更する場合も

ある．実用新案に出願した場合には，様式上の審査のみで，特許のような審査請求に対する実体的な審査はないので，実用新案に対する無効審判の可能性があることに注意する必要がある．実用新案の権利は，出願後から10年間で満了となり，特許より権利期間が短い．

特許や実用新案の他にも電子回路の研究では回路配置利用権に関係する権利もあり，それぞれの権利内容や期間が異なる．詳しくは弁理士や特許事務所との相談が必要である．

コーヒーブレイク

文書作成今昔 I

日本では小学校で習字の時間があるが，西洋，特に米国では個性を尊重するためか，他人にも読みやすいように文字を美しくという習慣も薄れているが，米国公文書館にある手書きの独立宣言や憲法は見事な装飾筆記体で書かれていて美しい．最近は筆記体などを知らず，大文字・小文字を混ぜて活字体で文章を書く人が多い．その代わりに清書は中学生くらいからタイプライタを使うのが一般的であった．著者が米国に留学していた1980年代前半でも，大学の公式文書，宛名書きや技術論文は，秘書が英文タイプライタで清書していた．特に技術文書のように，異なる書体やギリシャ文字を使って数式を打ったり，タイプミス等の修正は大変であった．その後，取替可能なゴルフボール状やデージーホイール（ひなげしの花びらのような輪）状に並べた活字セットで，打ち出し書体が変更できるようになるまでは，部分的に手書きにしたり，イタリック体の代わりに下線を引くなどしていたこともあった．日本では，使用する漢字をすべて活字にして使用する和文タイプライタは大型で高価なため，一般家庭に普及するものではなかった．

26ページへ続く...

3 文献を調査する

 最初に技術報告書や研究・技術論文を書く前に,今からまとめようとしている文書がどのような位置付けにあるのか,すでに発行されている他の文献との関連も含めてはっきりさせる必要がある.そのためにはしっかりとした**文献調査**が重要である.

3.1 なぜ文献調査が必要か?

 例えば書こうとしている文書が,科学技術論文のように新しい技術や実験結果を報告するものであれば,その内容がすでにどこかに発表されていないか?また同じような研究がされていれば,そうした過去の研究とどこが違うのかをはっきりさせないといけない.

 もし文書が技術報告書のように,すでに公開されている情報について,詳しく解説したり,公開情報の内容をまとめて紹介するものの場合には,それぞれ異なる実験や解析の方法をきちんと理解し,それらの相違点を明確にしたり,長所や短所を分類することが必要であろう.

 いずれにしても関連した研究や技術の成果が発表されているであろう多くの書籍,文献等を調査することが求められる.特に注目を浴びている研究や技術は,世界中で多くの研究者や技術者がその課題についてほとんど時を同じくして研究や技術開発をしているわけであるから,その進歩は早く,同じような成果がほぼ同時に得られる可能性も高い.したがって他人の研究や技術の成果を盗用したわけでもないのに,同じ結果がすでに発表されていることがあとでわ

かれば，その成果については新規性や独創性は認められないし，盗用の疑いまでかけられてしまうことにもなりかねない．したがってこうした文献調査はきわめて重要となる．

3.2 調査文献あれこれ

少し前の文献調査は，まず図書館や書店に行って関連の書架を眺めたり，文献目録カードを調べたりして，研究に関連した本を見つけることが多かった．文献目録にはその本の内容までは書かれていなかったので，本の題名，著者からその内容を推察し，実際に実物を見て判断する必要があった．研究者は常日頃，自分の研究関連分野の人が会員となっている学会が発行する学術論文誌を読んだり，学会が開催する学術会議に参加して講演や研究発表を聴講したりしている中で，自分の研究の位置付けや関連研究の情報を得ている．しかし世界は広く，研究者は世界に広く分布しているので，思わぬところで自分と同じような研究をして，すでに研究成果が他言語で発表されていることもある．最近ではインターネットの検索機能を用いてキーワードにより大規模なデータベースから簡単に関連文献を見つけることができる．しかしここで注意しなければいけないのは，検索によって得られた各種文献の**信頼性**や**質**である．以下にいろいろな文献の特徴をまとめよう．

★**学術論文誌・雑誌** 各専門分野の研究者が参加している学術研究団体（いわゆる学会）や出版社が，定期的に刊行する出版物で，通常各月に一回程度発行されるものが多い．その学会に登録した会員に送付されるか，大学・研究所の図書館が購入し収蔵しており，通常は一般の書店では購入できない．

学術論文誌は最新の研究成果を発表する場であり，最近は速報性を重要視して，印刷物ではなく電子出版としてのみインターネットで公開されるものもある．通常こうした学術論文誌に掲載されるためには，同じような研究をしている（多くの場合は複数の）研究者が原稿を見て，その記述内容に間違いはないか，あるいはその論文誌に掲載することに価値があるか

を審査する**査読**という段階を経てその論文の価値を評価し，その論文誌の編集委員会が最終的に掲載するかを決定する．査読を経て発表された論文を**有審査論文**といい，発表内容の信頼性が最も高い．

掲載論文には，大きく分けて通常ペーパーと呼ばれる数ページから数十ページにわたる長い論文と，数ページ以下の**レター**や**ショートペーパー**と呼ばれる短い論文の二つがある．前者は研究内容を詳細に書くことができ価値が高い反面，長い論文は査読にも時間がかかるので，投稿から最終的に掲載までの期間が長い．したがって最先端の研究をしている場合には一刻一秒を争って研究成果を発表したいため，速報性を重視して後者によって投稿することもある．

それぞれの論文には，編集委員会が最初に受け取った日付，掲載のために修正されたものを受け取った日付，さらには最終的に掲載が決定された日付等が書かれているのが普通である．研究成果の公表日は，正確には論文を最初に投稿した日付で判断されるべきであるが，参考文献等に引用するときには，その論文が掲載された論文誌の発行月を記載するのが通常であるので，後者の日付も重要である．

学術団体の会報を兼ねた学会誌・学術雑誌に掲載された論文は，最新の研究成果の速報というより，学会会員のために最近の研究動向を総合的にまとめた論文が多い．こうした論文は**レビュー論文**と呼ばれたりする．レビュー論文については関連する学術団体や論文編集委員会がふさわしい執筆者を選定し，査読ほどではないが，**閲読**といってその執筆内容を専門家が原稿段階で読んでその内容を確認する．最終的には出版社の編集部が用語や字句の統一等をするので，前述した学術論文誌の掲載された論文と同様に信頼性が高い．

★**学術単行本**　理工系の学会誌に掲載された学術論文は，長くても10ページくらいであるから，執筆者は研究で得られた成果すべてを一度に発表するのではなく，新しく発見した事実や理論に絞ってその内容を公表する．それに対して**学術単行本**は，研究者がそれまでに学術論文誌等に投稿してきた

一連の研究成果や関連業績を体系的にまとめ直して出版したものや，大学や高専の講義で教科書として使うことを念頭においてその研究分野の基礎から応用までをまとめた書籍が多い．

これらの書籍は，執筆前に関連する学術団体や専門家が執筆者を選定し，内容を閲読しており，一般の書店の書架に並ぶことはなく（もちろん注文はできる），理工系の学術専門書を扱う大規模な書店で購入することができる．

最終的には出版編集部が用語や字句の統一等をするので，前述した学術論文誌の掲載された論文に次いで信頼性が高い．したがって研究に関連した基本的な理論や式等の導出については，広く読まれている研究書籍として引用することが多い．ただし最近は自費出版による書籍もあり，その書かれている内容が自己主張によるもので，信頼性がないものもあるので注意が必要である．

★一般雑誌　一般の書店に並ぶ技術専門雑誌に掲載された記事もその分野の専門家が執筆していることが多く，かなり高度な内容が書かれているが，どちらかというと学術的な価値よりも実用的な価値のあるものが多く，学術研究論文に引用することは少ない．

★ホームページ　今や個人が開設したホームページ等で簡単に自分の主張や成果を公開できるようになっており，信頼性のない情報もインターネット上には流れている．電子データは盗用も簡単にできてしまうので，他人の成果がまったく異なる人のサイトに載っているかもしれない．また簡単に修正，加筆が行われ，場合によっては内容が記載されていたページが知らないうちになくなってしまうこともある．したがって，あとでその文献内容を再調査しようとしたときに，その文献がない，あるいは内容が変わっている可能性を考えて，こうしたインターネットの情報は，引用文献としてふさわしくない．

検索した文献が，前述の学術論文誌の発行団体のサイトにある場合や，他の研究者が自分の研究成果の記録として，他の学術論文誌の掲載内容を公

開している場合等には，その原典となる掲載論文誌の質によって判断すればよい．また政府や公的な機関が発行する出版物の場合には，できるだけ多くの人に内容を公開することを目的として印刷物と同じ内容を電子出版物としてインターネット上で公開することもあるので，こうした公的機関の発行するものは文献として使用できる．要するに誰が責任をもって開設したページに書かれた内容かをしっかり判断する必要がある．

前述の文献以外にも参考文献として引用する可能性のあるものは，実験測定器の仕様書，マニュアル，国公立あるいは企業の研究所の研究論文集などがあるかもしれない．

3.3 文献調査の記録

研究を開始したときに，関連文献の調査がされていないことはないはずである．しかし，いざ研究論文をまとめるにあたり，関連研究の歴史的な研究背景やその内容を序論等に書くときには，文献のコピーをもっていても，再度復習してまとめるには時間がかかる．したがって関連文献を見つけたときは，その内容を理解したときにできるだけ自分なりのメモを作っておくことを勧める．その文献をあとで引用するときのために必要となる文献情報（著者名，論文題名，論文誌名，巻，号，ページ，発行年月，発行者 等）を目録カード[†]に記載し，その文献に書かれている研究の特徴や重要性をメモしておくとよい．目録カードを作らなくても，例えば学術論文誌の場合には，各論文の1ページ目には，内容のあらましを含め，ほとんど必要な書誌情報が印刷されていることが多いので，そのページを別にファイルし，例えばその裏に自分が重要と思ったことを書いておくようなことでもよい．

[†] A6判程度の大きさの少し厚めのカードに文献情報等，あとで必要になりそうな項目を書いたもの．図書館には容易に探している本が見つかるように，書名順や著者名順にこうしたカードを並べて検索に利用したが，現在では計算機を利用した検索にほとんど替わられている．索引カード，インデックスカードともいわれる．

> コーヒーブレイク

文書作成今昔 II　　（20 ページから続く）

　1960 年代後半ごろから大学や研究所には科学計算用の大型電子計算機（といっても今のパソコンより性能は劣る）が導入され，家庭でもマイクロプロセッサが入ったマイコンと呼ばれるコンピュータがマニアの間で使われていたものの，ディスクオペレーティングシステム（DOS）と呼ばれる基本操作ソフトウェアが入ったパソコンが普及し始めたのは 1980 年代後半に入ってからである．こうした文書はフロッピーディスクに保存し，プリンタで出力できたが，プリンタの性能も悪く，文字をドットマトリクスという点の集合で表現し，そのドットが粗いために，当初はアルファベットの大文字，小文字の区別がつくかどうかであり，複雑な漢字を表すような細かいドットになるまで，しばらく時間がかかった．

　コンピュータを使った複雑な数式を含む技術文書作成は，ミニコンと呼ばれた中型の汎用電子計算機が使っていた UNIX オペレーティングシステムの中にあった roff コマンドで可能になり，その後 $\TeX$（テフあるいはテックと読む）による技術文書作成が技術者の中で広まった．こうしたソフトウェアは英文から他言語にも移植され，パソコンでも使用可能になり，今では自分でもかなり凝った技術文書を作成し印刷する，いわゆる **DTP**（Desk Top Publishing）が可能になった．この本の原稿も $\TeX$ によって作成したものであるが，自分で入力し印刷出力を確認できるので，校正の時間が節約できて出版までの時間も短縮でき便利となった．

4 適した書式

技術文書を書く場合には，自分のメモや草稿，ドラフトでない限り，使う記号や文書の書式を統一しなければならない．それは他人が読んだときに読みやすくするためで，誤解を防ぐためにも一般的な共通の書きかたをすることが必要である．

世界的には**国際標準化機構**（ISO：International Organization for Standardization）と**国際電気標準会議**（IEC：International Electrotechnical Commission）などが共同で，物理科学全体にわたって普遍的に使われている物理単位系である**国際単位系**（SI）を用いて測定される量，およびそれらの関係を**国際量体系**（ISQ：International System of Quantities）で定義し，これらの記述法を含めて規格 ISO/IEC 80000 として定めた[9]．この規格は科学や教育の分野において物理量や計量単位を使用するための書式であり，教科書等ではこの規格に基づいた表記を用いているが，各国の歴史的な慣習等も関係して，必ずしも唯一の記述が決められているわけではない．

各国ではこの規格に基づき，その国内での表記を決めている．日本では**日本工業標準調査会**（JISC：Japanese Industrial Standards Committee）が，日本向けに決めたのが，**日本工業規格**（JIS：Japanese Industrial Standards）の中の JIS Z 8000 である[10]．

英語やフランス語で世界的な学術雑誌へ投稿したり著作物を出版する場合には，ISO/ICE 80000 に基づく（場合によっては出版国の規格にも沿った）記述が，そして日本では JIS Z 8000 に沿った記述が必要となる．加えて各出版物は，こうした規格を基に出版会社・編集者が定めた書式を使うことになる．本

書では，JIS Z 8000 を基にした一般的な書式や記述法について紹介するが，読者は自分の作成した文書の提出先が示した書きかたを最初に確認してほしい．それに沿った書きかたになっていないと，その内容がどんなによくても提出された文書は受理されなかったり，書き直しを命じられたりすることがある．こうした規格や書式は，修正・改正が行われることがあるので，必ず最新版を参照することを心がけてほしい．

4.1 文　　章　　体

4.1.1 公用文の文章体

　文書を書くにあたっては，統一した表現・学術用語を使用しなければならない．文章体は平仮名まじりの口語文章体を使い，技術文書の語調としては「…である」調を使うのが普通である．取扱説明書のような場合には，少し丁寧な「…です」,「…ます」調も使うことがある．

　日本語の一般的な書きかたは，文化庁の出している参考資料にある．この資料には，国語審議会答申のほか，文部（科学）省，国語審議会，文化審議会国語分科会が作成した資料[11]

- 表外漢字字体表
- くぎり符号の使ひ方
- くりかへし符号の使ひ方
- 公用文に関する諸通知
- 法令に関する諸通知
- 外来語の取扱い．姓名のローマ字表記について
- 「異字同訓」の漢字の用法
- 「異字同訓」の漢字の用法例（追加字種・追加音訓関連）

などが収録されており，日本語表記の参考になる．

記述にはなるべく**常用漢字**[†]を用い，仮名は**新仮名遣**(つか)いとする．常用漢字や仮名遣いは，その時代に合わせて内閣告示・内閣訓令で定められたものであり，日本語に関する内閣告示や訓令は

- 常用漢字表
- 現代仮名遣い
- 送り仮名の付け方
- 外来語の表記
- ローマ字のつづり方

がある[12]．また一般的な公用文の書きかたについては，文化庁が編集した「新訂 公用文の書き表し方の基準（資料集）」[13]が参考になる．

ただし人名に使われる漢字は旧字体や異字体もあり，その表記の統一は難しいが，科学技術文書の文献で引用したりするときには本人が使っているものを原則として使用する．

4.1.2 送り仮名

日本語の表記の中で，**送り仮名**の付けかたほど難しいものはない．意味が変わらなければ，送り仮名の付けかたが間違ってもよいのではと思う人もいるかもしれないが，日本語の表記として正しいものを教養として覚えて使いたい．

送り仮名の付けかたについては，その内閣告示[12]に『この「送り仮名の付け方」は，科学・技術・芸術その他の各種専門分野や個々人の表記にまで及ぼそうとするものではない．（内閣告示 前書き 二）』とあるように，科学技術文書を書く場合には，この告示に従わなくてもよいことになっているが，基本的には前述の内閣告示の表記を使う．

告示には単独の語および複合して作られた語に大別し，それぞれについて活用のある場合とない場合に応じて基本的な表記を示した**通則** 1〜7 がある．概略は以下のようになる．

[†] 一般社会においてよく使われている漢字を選定して，公共性の高い場では，それらを使うように国が定めた漢字のこと．

★「書く」のような動詞,「粗い」のような形容詞,そして「静かだ」のような形容動詞は,語尾が活用によって変化する.このように活用がある場合には,活用語尾を送り仮名として送る.

★「動き」のように活用から転じて名詞になったものは,元の語の送り仮名の付けかたに従う.

★「申し込む」のような漢字 2 文字以上で用いて表す複合語の場合もそれぞれ単独の場合と同様な送り仮名を付けるが,読み間違いのおそれがなければ送り仮名を省略することができて「申込む」が許容されている.

★また複合語のうち,例えば「申込用紙」のように慣用が固定していると認められているものは送り仮名を省略できる.

通則のなかには**本則**以外に,**例外**や**許容**として認められているものもあり,全部を覚えておけるものではない.したがってその都度内閣告示や辞書を参照して調べることになる.

例 4.1(送り仮名) 内閣告示によれば「あらわす」は「表す」が本則による表記である.許容として「表わす」が認められているが,本則に沿って「表す」を使う.前述の例「申し込む」と同様に「取り扱う」(動詞),「取扱い」(名詞),慣用として「取扱説明書」となる.同様に「組み合わせる」(動詞),「組合せ」(名詞)であるが,「組合」は「くみあい」として使う.

4.1.3 形式名詞,補助動詞は平仮名で表記

文章を書いていると,ついつい漢字変換して使ってしまうことがある形式名詞や補助動詞は平仮名で表記することになっている.

(1) **形式名詞** 形式名詞とはそれ自身では実質的な意味をもたず,形式的に名詞としての役割を果たす名詞のことで**表 4.1** のようなものがある.

(2) **補助動詞** 補助動詞とは本来の意味を離れて直前の語句を補助する動詞のことで,代表的なものとして**表 4.2** のようなものがある.これらも平仮名で表記することが一般的である.

4.1 文章体

表 4.1 形式名詞の表記

平仮名	形式名詞の表記	漢字	漢字本来の表記
あたり	最大値あたりで	辺り	辺りを歩く
うえ	検討したうえで	上	机の上に置く
おり	実験のおりに	折	四季折々
かぎり	約束したかぎり	限り	限りない草原
くらい	卵くらいの大きさ	位	名誉ある位につく
こと	報告すること	事	事の重要性
ごと	実験ごとに異なる	毎	毎日の訓練
たび	測定のたびに	度	度重なる被害
つもり	行うつもりであった	積り	雪が降り積もる
とおり	以下のとおりである	通り	3通りの方法
とき	実験したとき	時	時として
ところ	報告したところ	所	印のある所
など	A, B, Cなど	等	×音訓はとう,ひと
はず	実行するはず	筈	×常用漢字ではない
ほう	AよりBのほうが小さい	方	北の方から
ほど	大きいほど	程	程良い距離
もの	負けるものか	物	物語を聞く
よう	以下のように	様	様子を観察する
わけ	言ったわけがない	訳	訳がわからない

表 4.2 補助動詞の表記

平仮名	補助動詞の表記	漢字	漢字本来の表記
あげる	添削してあげる	上げる	気球を上げる
ある	帽子が掛けてある	在る	北東に在る
いう	〜という意味である	言う	口に出して言う
いく	増減していく	行く	現地へ行く
いる	減少している	居る	部屋に居る
おく	君に言っておく	置く	機材を置く
かける	実行しかける	掛ける	ブレーキを掛ける
かねる	言いかねる	兼ねる	別の仕事を兼ねる
きる	回しきる	切る	パイプを切る
くる	歩いてくる	来る	遠方から来る
だす	歩きだす	出す	舌を出す
ついた	身についた	付いた	条件が付いた
なる	ご覧になる	成る*	水は水素と酸素から成る
みる	考えてみる	見る	景色を見る
もらう	行ってもらう	貰う	贈り物を貰う

注)「なる」は「成る」のほかに「為る」,「生る」があるが,後者二つは常用漢字としての読みかたではない.

4.1.4 句読点

日本では句点として（。．），読点として（、，）のそれぞれ2種類が使用可能であり，それぞれの組合せの句読点があり得る．日本語の文章を縦書きで書く場合には，慣用的に（。、）を使う．横書きの一般文書もこの句読点を使うことが多い．しかしながら多くの数式を含む技術文書の場合には縦書きは難しく横書きになる．欧米の科学技術文書の書式に慣れていると，日本語で書かれた科学技術文書であっても英文字記号が多く含まれる場合には，行末や数式の区切りを（。、）で表すとどうもしっくりこない．文章中で混載はできないので，この本も含めて科学技術文書では句読点として（．，）を使うことにする[†1]．

4.1.5 数表現

数字は原則として立体フォントのアラビア数字（1, 2, 3,⋯）[†2] を用いる．必要に応じてローマ数字（I, II, III,⋯），漢数字（一，二，三，⋯）を用いてもよいが，文書内で統一しなければならない．

〈例〉2個，5〜7時間，V族元素，III–V族半導体，⋯

〈例〉二，三の例，一例を挙げれば，一部分，⋯

（1）小数点　日本の一般文書では小数点はピリオド（.）を，また桁数の多い数を読みやすくするために3桁ごとにカンマ（,）を使い，43,210.1234 のように表す．しかし欧州の国ではピリオドとカンマの使いかたが反対の国も多く，43.210,1234 と表すこともある．混乱を避けるために技術文書中の場合には，数字はカンマを使わずにピリオド（.）の小数点のみとし，桁数の大きな数は小数点を中心に3桁ずつ少しスペースを空けて表すことが多い．また小数点以下の数を表すときはわかりやすいようにゼロを補って表す．

〈例〉43 210.123 4　　0.123 456　⋯

[†1] 日本語の文字フォントの句読点（．，）は全角文字幅をとるため，英文字のピリオド（.）とカンマ（,）に比べて少しサイズが大きい．文書中の記号や数式は英文字フォントを使うことが多いので，記号間や数式中では英文字のピリオド，カンマを使ったほうが見栄えがよい．

[†2] アラビア数字のことを算用数字，またはインド数字ともいう．もともとはインドで生まれアラビアからヨーロッパに伝わったことに由来する．

ただし参照番号として使われる順序数に対しては3桁ごとの分割は行わないことになっている．

⟨○⟩ 西暦2017年，JIS規格Z8000，第1234番 …
⟨×⟩ 西暦2 017年，JIS規格Z8 000，第1 234番 …

（2）有効数字　実験や数値計算で得られた値は，5章で調べるようにそれぞれ測定・演算誤差を含むので，それらの値を記述するときは，どの桁まで有効な数字であるかを示す必要がある．こうした数値を用いて演算を繰り返すことにより，それ以降の演算結果はこの数値の不確かさ，あるいは誤差を引き継ぐことになり，有効数字の桁数が小さくなるので，注意する必要がある．

> **例 4.2**　ある実験の電圧の測定値が $320\,\mathrm{V}$ と書かれているとき，有効な桁がどこまでなのかわからない．有効桁が2桁なら $3.2\times10^2\,\mathrm{V}$ とか $0.32\times10^3\,\mathrm{V}$ と書くことができる．有効桁を小数点を挟んで表記するか，小数点以下で表すかは，特に指定されていなければどちらでもよいが，統一する必要がある．ここでは前者の表記を使うとして，例えば $320\,\mathrm{V},\,0.452\,\mathrm{V}$ は，有効な桁によって
>
> | 有効桁数 | $320\,\mathrm{V}$? | $0.452\,\mathrm{V}$? |
> | --- | --- | --- |
> | 2桁 | $3.2\times10^2\,\mathrm{V}$ | $4.5\times10^{-1}\,\mathrm{V}$ |
> | 3桁 | $3.20\times10^2\,\mathrm{V}$ | $4.52\times10^{-1}\,\mathrm{V}$ |
> | 4桁 | $3.200\times10^2\,\mathrm{V}$ | $4.520\times10^{-1}\,\mathrm{V}$ |
>
> と記述される．ここで小数点以下のゼロは有効桁数を表すのに必要であり，それを省かないことに注意する．

例4.2のように，有効数字を表すときには10のべき乗の表現を使う．しかし10のべき乗の場合を除き，負の指数は避ける．

⟨例⟩ 数の表現で 10^{-5} は用いてもよいが，5^{-2} は避ける．…

もし測定誤差を小さくしたいために，測定を何度も行った場合には，その測定値のばらつきの様子も含めて表記する場合がある．5.1.4項で述べるように，測定値のばらつきが正規分布に近い場合には，その測定値の平均を m，標準偏

差を σ として (m, σ) または $m \pm \sigma$ と表すことがある．その分散値を**標準不確かさ**として有効数字とともに表記することもできる[†]．

4.1.6　使用文字フォント

通常，使用する英文字が何を表すか区別しやすいように，文字フォントを変える．例えば文字 'A' が図中の点を表したり，電流の単位であるアンペアの意味なら立体フォント A で，量記号や変数を表すならば斜体フォント A で，そしてベクトル，もしくは行列ならば斜体太字フォント $\boldsymbol{A}$ で表すことが多い．文字フォントの変えかたについては，あとの 4.2.4 項を参照してほしい．

手書きの報告書や原稿の場合には，よほど丁寧に文字を書かないとこれらの区別はできない．それらの手書きの原稿を編集者に送って組版した印刷物を作る場合には，自分の意図したフォントになるように必要に応じてコメントを付ける．このコメントについては，7.2.7 項で紹介する校正のためのコメントの入れかたを参考にしてほしい．

最近はワープロやパソコンで文書を書くことが多く，マイクロソフトワードや TeX 等の文書作成ソフトを使って作成した文書ファイルをそのまま論文原稿として編集部へ送ることも多い．文書ファイルを直接送るので誤植がなくなり，特にたくさんの記号や特殊文字，数字を含む数式や表は組版が大変であるため，本人が作成した式，表等がそのまま使えると校正作業が格段と楽になる．文書作成ソフトでは，多くの文字フォントが使用できるので，できるだけ立体や斜体，太文字のフォントを使ってわかりやすく書く必要がある．

理工学の分野では，多くの物理量や変数を表すのに**ギリシャ文字**を用いる．参考のために**表 4.3** にギリシャ文字をまとめた．表からもわかるように，ギリシャ文字の大文字の多くと小文字の一部（$\iota, \kappa, \nu, o, \sigma, \upsilon, \chi, ...$）は，英語のアルファベット文字と（ほとんど）同じであるので区別しにくい．したがって書いている原稿に関連した分野の物理量を表す記号としてその文字が使われていないのなら，できるだけ使わないほうが望ましい．

[†] 詳しくは 66 ページの例 5.2 を参照．

表 4.3 ギリシャ文字

小文字	大文字	英語つづり	日本語読み
α, α	A, A	alpha	アルファ
β, β	B, B	beta	ベータ
γ, γ	Γ, Γ	gamma	ガンマ
δ, δ	Δ, Δ	delta	デルタ
$\varepsilon, \varepsilon(\epsilon)$	E, E	epsilon	イプシロン
ζ, ζ	Z, Z	zeta	ツェータ,ゼータ
η, η	H, H	eta	イータ
$\theta, \theta(\vartheta)$	Θ, Θ	theta	セータ,シータ
ι, ι	I, I	iota	イオタ
κ, κ	K, K	kappa	カッパ
λ, λ	Λ, Λ	lambda	ラムダ
μ, μ	M, M	mu	ミュー
ν, ν	N, N	nu	ニュー,ヌウ
ξ, ξ	Ξ, Ξ	xi	グザイ,クシイ
o, o	O, O	omicron	オミクロン
$\pi, \pi(\varpi)$	Π, Π	pi	パイ
$\rho, \rho(\varrho)$	P, P	rho	ロー
$\sigma, \sigma(\varsigma)$	Σ, Σ	sigma	シグマ
τ, τ	T, T	tau	タウ,トウ
υ, υ	Υ, Υ	upsilon	ウプシロン
$\phi, \phi(\varphi)$	Φ, Φ	phi	ファイ
χ, χ	X, X	chi	カイ
ψ, ψ	Ψ, Ψ	psi	プサイ,プシィ
ω, ω	Ω, Ω	omega	オメガ*

・表中のギリシャ文字の括弧内は異字体を示す.
* Ω は電気抵抗の単位として使われるときは,オーム(ohm)と読む(表 4.5 参照).

4.2 用 語 と 記 号

4.2.1 学 術 用 語

学術用語は,原則として文部科学省が発行した「学術用語集」に準じる.

日本で使われている**学術用語**[†] の多くは,古くは中国から漢字で,そして明治以降は英語などの西洋語からの翻訳語として作り出された物が多く,訳語の不統一があり不便であった.

[†] 学術用語は略して**術語**あるいは単に**用語**と呼ばれることもある.

4. 適した書式

　学術用語集は，文部（科学）省の主導により用語の整理と統一のために作られた日本語の学術用語と対応する英語の用語を関連付けるための用語集である[14]．内容は 2 部に分かれており，第 1 部の「和英の部」では，一つの学術用語について「ローマ字で表現された学術用語」，「通常の日本語で表現された学術用語」，「英語」が記載されており，ローマ字のアルファベット順に並んでいる．また第 2 部の「英和の部」では，一つの学術用語について，「英語」，「通常の日本語で表現された学術用語」，「ローマ字で表現された学術用語」が記載されており，英語のアルファベット順に並んでいる[†1]．

　この学術用語集は，日本語と英語の対応を示すだけで用語の意味の説明はないので，正確な用語の意味を調べるためには，各分野の学会等が編集した用語辞典やハンドブックを参考にすることとなる．これらに制定されていない用語については，現在最も標準的に用いられている学術用語を用いることになるが，勝手に新しい日本語訳を付けることは望ましくない．用語に関しては，以下のような取扱いが一般的であるが，専門分野によって違うこともある．

1. 学術用語中の数字は原則としてアラビア数字とすることが多い．
   〈例〉2 進数，2 値，…　　〈例外〉三角関数，四角形，三相電力，…
2. 外国語の学術用語の表記について
   (a) 外国語の用語がそのまま日本語の用語として使用されている場合は，片仮名書きとする．仮名書きするときは，学術用語集を参考にして，**長音**[†2] の有無や**撥音**[†3]，**促音**[†4] を省略した表記等に注意する[13]．

[†1] 発行されている学術用語集の多くは，国立情報学研究所が設けた「オンライン学術用語集」のサイトから収録語を検索することができたが，2016 年に**科学技術振興機構**（JST：Japan Science and Technology Agency）が運営する J-GLOBAL に統合にされた．J-GLOBAL は，日本の研究者情報，文献情報，特許情報，研究課題情報，機関情報，科学技術用語情報，化学物質情報，資料情報等の総合的学術情報データベースである[15]．

[†2] 長く引き伸ばした音で，長音記号「ー」で表記する．語尾が er, or, ar で終わる英単語で 3 音節以上の場合に仮名書きするときは，長音記号「ー」を付けないが，2 音節以下の場合には長音記号を付けるのが一般的．語尾が y の場合には，慣習により長音を付ける場合と「イ」を送る場合がある．

[†3] 撥音とは「ン」の音．

[†4] 促音とはつまる音で「ッ」を送る．

> 〈例〉チャネル，バンド，アクセプタ，ホール，キャリア，トランジスタ，パラメータ，レーザ，ミラー，ディスプレイ，エネルギー，…

> 〈例外〉メモリ，…

(b) まだ日本語の用語が確立されていないものには，片仮名のうしろに括弧に入れて原語を付ける．

> 〈例〉メゾスコピック（mesoscopic），…

(c) 確定した日本語の用語があるが，原語のまま使用されることが多い場合には，原語を付ける．

> 〈例〉非晶質（amorphous），…

(d) 外国語だけで使用されているもの，または日本語の用語が未確定でかつ仮名書きも表示も不適当なものは原語のままとする．

> 〈例〉morphic, shrinkage, …

(e) 外国語の略語には，分野によって異なる用語の略語の場合がある．したがってその略語の意味が明確になるように，その文書の最初に出てくるところで原語を付ける．

> 〈例〉SEM (Scanning Electron Microscope), (Singularity Expansion Method) or (Standard Estimating Module) …

> 〈例〉RCS (Radar Cross Section), (Remote Computing Service) or (Radio Communication Systems) …

> 〈例〉SAR (Synthetic Aperture Radar), (Specific Absorption Rate) or (Successive Approximation Register) …

4.2.2 単　　　位

単位は物の数えかたと同様に何かを基準として，その何倍であるかを表すために用いる．足の大きさを基準としたフィートは，その典型例である．物理量である質量や長さを測定したとき，それらは数値に単位を付けて，20 kg や 5 m と表す．このとき単位は立体の文字を使う．

4. 適した書式

（1） SI 基本単位　　いろいろな経緯で過去に使われてきたさまざまな単位を，国際的に統一する実用計量単位系として，**国際単位系 SI**（SI unit）が定められている．この単位系は以前 **MKS 単位系**と呼ばれていた単位系を拡張したものである．SI は，フランス語の Systéme International d'unités に由来する．単位は一朝一夕に決まったものではなく，決まるまでには長い歴史があり，現在でもなお見直しが進められており，**国際度量衡総会**（CGPM：Conférence Générale des Poids et Mesures）で採択が決められる．歴史的経緯から重さの単位はグラム〔g〕ではなくその 1 000 倍の単位〔kg〕となっている．詳細については例えば，巻末の文献[16]）を参照されたい．**表 4.4** に七つの **SI 基本単位**を示す．時間の単位では秒を使うが単位記号は〔s〕であり〔sec〕としない[†]．

表 4.4　SI 基本単位

物理量	記号	基本単位〔単位記号〕
長さ	l	メートル〔m〕
質量	m	キログラム〔kg〕
時間	t	秒〔s〕
電流	I	アンペア〔A〕
温度	T	ケルビン〔K〕
物質量	n	モル〔mol〕
光度	I	カンデラ〔cd〕

（2） SI 組立単位　　これらの基本単位だけを用いてもほとんどの物理量を表すことができるが，単位の組合せが多くなり，表記も煩雑となる．そこでこれらを組み合わせて作った **SI 組立単位**（SI derived unit）も使われる．各専門分野では，いろいろな組立単位が使われるが，よく用いられる組立単位には固有な名称をもつものがある．こうした単位には，歴史的な実験や発見に関係した科学者の名前に因んだものが多く，これらの組立単位を**表 4.5** に示す．

人名に由来する単位は，その人名の頭文字の英大文字を単位記号とし，英語で単位をつづる際は頭文字も小文字で表記し，複数形にも注意する（普通名詞

[†] sec は余弦関数の逆数をとるセカントという三角関数：$\sec(x) = 1/(\cos(x))$ の名前と混同する．$\sec(x)$ は**正割関数**とも呼ばれる．

表 4.5 固有の名称と記号をもつ SI 組立単位

物理量	組立単位〔単位記号〕	基本単位による表現
平面角	ラジアン〔rad〕	$(m \cdot m^{-1} = 1)$
立体角	ステラジアン〔sr〕	$(m^2 \cdot m^{-2} = 1)$
周波数	ヘルツ〔Hz〕	s^{-1}
力	ニュートン〔N〕	$m \cdot kg \cdot s^{-2}$
圧力,応力	パスカル〔Pa〕	$m^{-1} \cdot kg \cdot s^{-2}$
エネルギー	ジュール〔J〕	$m^2 \cdot kg \cdot s^{-2}$
電力,仕事率	ワット〔W〕	$m^2 \cdot kg \cdot s^{-3}$
電荷	クーロン〔C〕	$s \cdot A$
電圧	ボルト〔V〕	$m^2 \cdot kg \cdot s^{-3} \cdot A^{-1}$
静電容量	ファラッド〔F〕	$m^{-2} \cdot kg^{-1} \cdot s^4 \cdot A^2$
電気抵抗	オーム〔Ω〕	$m^2 \cdot kg \cdot s^{-3} \cdot A^{-2}$
電気コンダクタンス	ジーメンス〔S〕	$m^{-2} \cdot kg^{-1} \cdot s^3 \cdot A^2$
磁束	ウエーバ〔Wb〕	$m^2 \cdot kg \cdot s^{-2} \cdot A^{-1}$
磁束密度	テスラ〔T〕	$kg \cdot s^{-2} \cdot A^{-1}$
インダクタンス	ヘンリ〔H〕	$m^2 \cdot kg \cdot s^{-2} \cdot A^{-2}$
セルシウス温度	セルシウス度〔°C〕	$K\,([°C] = T - 273.15)$
光束	ルーメン〔lm〕	$cd \cdot sr$
照度	ルクス〔lx〕	$m^{-2} \cdot cd \cdot sr$
放射能	ベクレル〔Bq〕	s^{-1}
吸収線量	グレイ〔Gy〕	$m^2 \cdot s^{-2}$
酵素活性	カタール〔kat〕	$mol \cdot s^{-1}$

注) 表中最後の三つの単位は,人の健康保健のために認められた SI 組立単位

扱い).

〈例〉50 Hz, 6.5 Pa, 5 N, 5 ニュートン, 5 newtons …

温度については,物質の性質を議論する物理・化学系の論文では SI 基本単位であるケルビン〔K〕を使うが,室温等の測定実験条件等を示すときなどはセルシウス温度〔°C〕を使うこともある.米国の天気予報等には,日常的にファーレンハイト温度〔°F〕が用いられているが,科学技術論文には通常用いない[†].

[†] セルシウス (Celsius) 温度は単に温度,セ氏 (温) 度,摂氏度ともいい,もともと水の凝固点 (氷点) と沸点を基準にして 100 等分して作られた.一方,ファーレンハイト (Fahrenheit) 温度は,カ氏 (温) 度,華氏度ともいう.ファーレンハイトの自宅で観測された最低温度が 0 °F (=−17.78 °C),体温を 100 °F (=37.8 °C) としてその間を等分して決めたもので,人間の活動できる温度範囲を 0〜100 °F で示しているので,直観的に理解しやすいという意見もある.摂氏,華氏はともに中国語表記からの転用である.セルシウス温度,ファーレンハイト温度以外にもさまざまな温度の定義がある.

4. 適した書式

平面角の単位としては,ラジアン(radian)を用いるが,一般には度〔°〕がよく使われている.ラジアンで表される角度の値は,単位円上に射影した周上の弧の長さに相当する.したがって 360° は,円周全部の長さ 2π ラジアン〔rad〕に対応する.平面内の角度と同じようにして,曲面を見込む角度を単位球面上に投影した面積で表し,これを**立体角**という.単位はステラジアン〔sr〕を使い,全球面を見込む立体角は 4π sr となる[†].こうした角度のほかにも SI と併用してもよい単位があり,それらを**表 4.6** に示す.

表 4.6 SI と併用してもよい単位

物理量	単位〔単位記号〕	定義
時間	分〔min〕	$1\,\text{min} = 60\,\text{s}$
時間	時〔h〕	$1\,\text{h} = 60\,\text{min}$
時間	日〔d〕	$1\,\text{d} = 24\,\text{h}$
平面角	度〔°〕	$1° = (\pi/180)\,\text{rad}$
平面角	分〔′〕	$1′ = (1/60)°$
平面角	秒〔″〕	$1″ = (1/60)′$
体積	リットル*〔l〕	$1\,\text{l} = 1\,\text{dm}^3$
質量	トン〔t〕	$1\,\text{t} = 1\,000\,\text{kg}$
レベル	ネーパ〔Np〕	$1\,\text{Np} = 2/(\ln 10)\,\text{B} = 0.868\,589\,\text{B}$
レベル	ベル〔B〕	$1\,\text{B} = (1/2)\ln 10\,\text{Np} = 1.151\,293\,\text{Np}$
エネルギー	電子ボルト〔eV〕	真空中で 1 V の電位差を通過する電子によって得られる運動エネルギー $1\,\text{eV} = 1.602\,176\,620\,8(98) \times 10^{-19}\,\text{J}$
質量	ダルトン**〔Da〕	基底静止状態の核種 ^{12}C の原子質量の 12 分の 1 $1\,\text{Da} = 1.660\,539\,040(20) \times 10^{-27}\,\text{kg}$
長さ	天文単位〔ua〕	太陽と地球間の平均距離にほぼ等しい慣行的値 $1\,\text{ua} = 1.495\,978\,707\,00 \times 10^{11}\,\text{m}$

注)表中最後の三つの単位は実験的に得られる値を基に決められる単位

　*リットルの記号〔l〕について,CGPM では文字フォントによってはアラビア数字の 1 と混同する危険があるため,大文字〔L〕を使うことも認めている.しかし ISO と IEC では小文字を使用することになっている.

　**ダルトンは,以前は統一原子質量単位〔u〕と呼ばれていた.

表中の単位ネーパ〔Np〕は,**対数**を発明したネイピア(Napier, J.)の名前に因み,電圧や電流等の物理量比が指数関数 e^x 状に変化するときに,その指数部の量 x を示す単位であり,その物理量比の**自然対数**,すなわち $\ln(=\log_e)$

[†] 平面角,立体角の単位は従来 SI 補助単位であったが,1995 年の CGPM において,その区分の廃止が決定され,現在は無次元の組立単位とされた.

をとればよい[†1]．また単位ベル〔B〕は，信号の電力（またはエネルギー）比が 10 の何乗に比例するかを表しており，電力比の**常用対数**（$\log_{10}$）をとった量に使う単位であり，電話の発明で有名なベル（Bell, A.G.）の名前に由来している[†2]．通常はベルの単位では扱う物理量が大きすぎるので，その 10 分の 1 の量で表したデシベル〔dB〕（1 B = 10 dB）を使うことが多い．

（3）百分率 百分率であるパーセント記号〔%〕と千分率であるパーミル記号〔‰〕も使うことがある．分野によってはこの他に百万分率（ppm），十億分率（ppb）等も使うことがあるが，略語の意味が不明確で一般的でないので用いないほうがよい．

〈例〉100 分の 3 は 0.03 のことであり，3 %，あるいは 30 ‰ とも書ける．

（4）接頭語 物理量が桁外れに大きかったり，小さかったりした場合には，単位の前に 10 の累乗を表す接頭語を付けてもよいことになっている．**表 4.7** に SI で用いることのできる接頭語を示す．数の表現はこれらの接頭語を使って，できるだけ 0.1 から 1 000 の間で表現することが推奨されている．ここで 10^3 を表すキロ〔k〕以下の小さな累乗の接頭語は小文字を，それより大きな累乗の場合は，大文字を使うことに注意されたい．

〈例〉12 000 m → 12 km，0.003 cm^3 → 3 mm^3．

電気工学や計算機工学の分野では，2 進数がよく使われる．演算や記憶量を表現するときは，0 または 1 をとる 1 桁の単位量をビット（bit）という．1 ビットで 2 個の異なる値を，そして n ビットでは 2^n 個の異なる値を表現できる．8 ビットを 1 バイト（byte）と呼ぶ．ほかにも 1 ワード（word）という単位を使うこともあるが，コンピュータの汎用レジスタの桁数の増加に伴い，その大きさが変化しているので，注意が必要である．

[†1] 対数関数 $\log_a x$ はその底 a が 10 のときに常用対数，e のときを自然対数といい，その底を省略することがある．両者を混同しないように自然対数は $\ln x$ （$= \log_e x$）を使うことがある．

[†2] 電力は電圧や電流といった物理量の 2 乗に対応した量であるので，ベルの単位を使うときには例えば，電圧比の 2 乗をとってから常用対数（あるいは電圧比の常用対数の 2 倍）をとることに注意する．

表 4.7　SIで用いる接頭語と記号

接頭語	記号	倍数	接頭語	記号	倍数	接頭語	記号	倍数
ヨクト	y	10^{-24}	ミリ	m	10^{-3}	メガ	M	10^{6}
ゼプト	z	10^{-21}	センチ	c	10^{-2}	ギガ	G	10^{9}
アト	a	10^{-18}	デシ	d	10^{-1}	テラ	T	10^{12}
フェムト	f	10^{-15}	—	—	—	ペタ	P	10^{15}
ピコ	p	10^{-12}	デカ	da	10	エクサ	E	10^{18}
ナノ	n	10^{-9}	ヘクト	h	10^{2}	ゼタ	Z	10^{21}
マイクロ	μ	10^{-6}	キロ	k	10^{3}	ヨタ	Y	10^{24}

表 4.8　2進数の累乗のための接頭語と記号

接頭語	単位	倍数	値
キビ	Ki	$(2^{10})^1$	1 024
メビ	Mi	$(2^{10})^2$	1 048 576
ギビ	Gi	$(2^{10})^3$	1 073 741 824
テビ	Ti	$(2^{10})^4$	1 099 511 627 776
ペビ	Pi	$(2^{10})^5$	1 125 899 906 842 624
エクスビ	Ei	$(2^{10})^6$	1 152 921 504 606 846 976
ゼビ	Zi	$(2^{10})^7$	1 180 591 620 717 411 303 424
ヨビ	Yi	$(2^{10})^8$	1 208 925 819 614 629 174 706 176

注）＊ キビ〔Ki〕の単位記号は大文字の 'K' を使う．キロ〔k〕の記号とは異なることに注意．
　　＊＊ この接頭語は正式には CGPM ではまだ認められていないが，IEC では国際単位として認められている．

$2^{10}(=1\,024)$ の値と 10 進数の $10^{3}(=1\,000)$ が近いこともあり，1 024 ビットのことを 1 k ビットと書いたりすることもあるが，概数であり技術文書で使う正しい表現ではない．IEC はこうした 2 進数の大きな数を表すための接頭語を表 4.7 の 10 進数の累乗に対する接頭語と対応させて**表 4.8** のように提案している．例えば $2^{10}(=1\,024)$ ビット＝1 **キビビット**〔Kibit〕[†]，$(2^{10})^2(=1\,048\,576)$ バイト＝1 **メビバイト**〔Mibyte〕となる．これらの接頭語は正式には CGPM ではまだ認められていないが，電気情報系の関連する IEC では国際単位としてその使用が認められている．

（**5**）**複合単位**　物質量の単位は，（2）で調べた SI 組立単位のように

[†] キビビット（kibibit）のキビ（kibi）は kilo binary digit の略語であり，Kib と略記されることもある．キロビット（kbit）と違い大文字で表記されることに注意．

SI 基本単位の積や商の組合せで作られる．二つの単位 A, B の積の単位は

$$\text{AB}, \ \text{A B}, \ \text{A·B}, \ \text{A} \times \text{B}$$

で表し，二つ名前を続けて読む．また単位 A を単位 B で除した商の単位は

$$\frac{\text{A}}{\text{B}}, \ \text{A/B}, \ \text{AB}^{-1}, \ \text{A·B}^{-1}$$

で表し，二つの単位の間に 'per'（英語では 'per'）を入れて読む[†]．ただし分数表記は行間が広がる関係で独立した式表現中であれば問題ないが，文章中の場合は斜線記号 '/' 等のほうが行間隔が変わらないので見栄えがよい．

〈例〉速度の単位：$\dfrac{\text{m}}{\text{s}}$, m/s, m·s^{-1}, メートル毎秒, metre per second …

もし三つ以上の単位の組合せの場合には，商の除する部分があいまいにならないように注意する必要がある．

〈○〉J·kg^{-1}·s^{-1}, J/(kg·s), ジュール毎キログラム秒 …

〈×〉J/kg/s, ジュール毎キログラム毎秒 …

特に接頭語の付いた単位の商は注意する．

〈例〉$3.5 \, \text{cm}^3 = 3.5 \, (\text{cm})^3 = 3.5 \times (10^{-2}\text{m})^3 = 3.5 \times 10^{-6} \, \text{m}^3$

$1 \, \text{V/cm} = 1 \, \text{V}/(10^{-2}\,\text{m}) = 1 \times 10^2 \, \text{V/m}$

$300 \, \mu\text{s}^{-1} = 300 \, (\mu\text{s})^{-1} = 300 \, (10^{-6}\,\text{s})^{-1} = 3.00 \times 10^8 \, \text{s}^{-1}$

単位の記述において，m（メートル，ミリ）と T（テスラ，テラ）はそれぞれ単位記号と接頭語の記号として両方に使われるので，注意が必要である．

例 4.3（ミリニュートン?） もしある量が 3 mN と書かれているとき，この単位はミリニュートンなのか，メートルニュートンなのかわからない．もしミリニュートンなら m と N の間はスペースを開けないで 3mN とするか，あえてミリの単位を使わないで 0.003 N と書けばよい．もしメートルニュートンの意味なら，単位間に小スペースを開けて 3 m N とするか，混乱を避けるために積の記号を入れて 3 m·N とする．また順番を変えて 3 Nm（ニュー

[†] わが国で一般的に使われる除算記号 '÷' は，海外では別の意味に使うことがあるので使わないほうがよい．

トンメートル）と書くこともできる．

4.2.3 ダッシュ記号

ダッシュ記号とは横線のことで，普通のキーボードには対応しそうな記号が一つしかないが，その横線の長さによって用途が異なる．日本では数学の微分演算に使う**プライム**（prime）記号 '′' をダッシュと読むことがあるが正しくない．気をつけよう．

⟨×⟩ f' はエフダッシュと読み，f'' はエフダッシュダッシュと読む．…

⟨○⟩ f' はエフプライムと読み，f'' はエフダブルプライムと読む．…

よく似た記号に英文用のハイフン（hyphen）記号 '-'，**エヌダッシュ**（en dash）記号 '–'，**エムダッシュ**（em dash）記号 '—' があり，また数式中のマイナス記号 '−' もある．さらに和文では，これらに漢数字の '一' と長音記号 'ー' が加わるので，さらにややこしい．エヌダッシュとはその文章中に通常使っている英小文字フォントの n の横幅に対応する横線 '–' の意味であり，一方エムダッシュは英小文字の m の横幅に対応する横線 '—' である．

★ハイフンは，二つ以上の英単語をつないだり，長い単語の音節を区切ったり，単語が途中で改行されて分離されてしまうときに使うが，ハイフンの前後にスペースを入れない．

⟨例⟩ eleven-year-old boy, 43-feet-long boat, co-worker, shell-like …

★エヌダッシュは，区間や範囲，例えば引用ページ番号の範囲を表すときに使う．和文ではエヌダッシュの代わりに，**波ダッシュ記号** '〜' も使うことがある．

⟨例⟩ pp.123–456,　2–5 C,　pp.123〜456,　2〜5 C …

★エムダッシュは，説明や副題などを表す[†]．欧文では文と文の間，字句と字句の間に用いて，時間の経過を表したり，行頭に用いて引用文の作者を表すときに使うこともある．

⟨例⟩ 主題—副題— …

[†] 欧文では副題は主題のあとにコロン ':' を打って区切ることが多い．

★いずれもマイナス記号 '−' とも少し異なる.

〈例〉 $-1.234,\quad a = b - c\,\cdots$

　一般文書でもよく使う電話番号や住所番地の区切りの記述には，ハイフンかエヌダッシュが使われているが，あいまいなことが多い．一般文書では毎回特別なフォント記号を使って区別して表す必要もないし，通常キーボードの数字の横にあるマイナス（ハイフン）キーで入力すると英字モードのハイフンになるからであろう．和文ではハイフンは使わないのが普通なので，エヌダッシュが好ましいと考えるが，いずれを使うにしても文書内で統一しなくてはいけない．

〈例〉電話番号 01–234–5678,　東京都千代田区千代田 1–2–3 $\cdots$

4.2.4 量　記　号

　図中に示す点 P や原点 O は，ある特定の点を指している．こうした場合には P や O は立体フォントで表す．

　これに対して距離 d，円の半径 r，角度 θ，電荷量 Q 等は，ある物質のある量を表し**量記号**と呼ばれる．こうした量記号は，英文字やギリシャ文字の斜体フォントの一文字を使うのが普通であり，できるだけ慣用的に使われている記号を文章中で一貫して使う．

　物理量は数値と単位記号を使って表されるが，このとき数値と単位記号の間には小スペースを空け，単位記号には立体フォントを使う．

〈例〉 $d = 5\,\mathrm{m},\ r = 3\,\mathrm{cm},\ Q = 7\,\mathrm{C}\,\cdots$

〈×〉 d=5m, d =5m, $d = 5m$, $d = 5\ m\ \cdots$（わずかな違いがわかりますか？）

ここでフォントを変えるのは，量記号と単位記号を区別するためである．

　量記号の単位を示すために，単位記号を付けたい場合には，括弧記号 '〔　〕'，'［　］'，'（　）' 等でくくる[†]．この括弧の種類は書式として指定されていればそれを使い，文中で統一すること．また数式中の括弧の使いかたは 4.3.1 項を参照．

[†] '〔　〕' は，**亀甲括弧**と呼ばれる和文フォント記号である．英文では**角括弧**，大括弧，ブラケット（bracket）と呼ばれる記号 '［　］' か，**丸括弧**，パーレン（paren, parenthesis）記号 '（　）' が使われることが多い．

〈例〉距離〔m〕, 距離 d〔m〕, 電荷量 Q〔C〕 …

量の範囲を表す数値に付く単位は,同一単位の場合は最後の数値のあとにのみ付ける[†1].

〈×〉 4 N 〜 5 N …　　〈○〉 4〜5 N,　4–5 N …

もし数量の桁があまりにも異なる場合には,両方に異なる接頭語付きの単位記号を書く場合もあるが,桁の違いがわかるように同一の単位記号で表記したほうがよいであろう.

〈例〉 5 pF 〜 2 μF,　5〜2 000 pF,　0.005〜2 μF …

（1）**量記号の添字**　文中で類似しているが,異なる物理量を表したいときに,量記号に添字を付けてもよい.添字もその性格によって立体フォントと斜体フォントを使い分ける必要があり,以下のような原則が JIS で決められている.

★物理量や順序数のような数学的な変数を表す添字は,斜体フォントを使う.

〈例〉 C_i（i は順序数を表す）,F_x（x は x 軸方向の成分を表す）

★単語や数を表す添字は,立体フォントを使う.

〈例〉 C_2（2 は第 2 番目を表す）,F_max（max は最大値の意味）,S_m（m はモル数の意味）

分野によっては常用的に使う添字が決まっている場合もある[†2].そうした場合にはその規格や慣習に従ったものを使う.

数字のゼロ '0' と英小文字のオー 'o',数字のイチ '1' と英小文字のエル 'l' 等の違いに注意する.特に記号の添字に使うときには文字が小さいので,区別がつきにくい.

〈例〉 x_0 と x_o は異なる添字の記号である.また x_1 と x_l も異なる添字の記号であるが,ほとんど区別できないのでどちらか一方の使用だけにする.

[†1] 和文では範囲を表すときに波ダッシュ記号 '〜' を使うが,欧米ではエヌダッシュ記号 '–' を使うことが多い.ハイフン記号 '-' ではないことに注意.4.2.3 項を参照.

[†2] 例えば電気系分野では規格 IEC 60027–1 がある.

（2） 元素記号　　物質の**元素記号**は立体のフォントで表し，1文字もしくは2文字で表される．最初の文字は大文字とする．

〈例〉 H, He, Li, Be …

原子の**同位体**のように，同じ原子でも異なる**質量数**（陽子と中性子の数の和）をもつ原子が存在する．こうした特定の原子を区別して**核種**と呼ぶ．この核種を特定するために質量数を元素記号の左側の上付き添字で，また原子番号（陽子数）は左側の下付き添字で示すことがある．

〈例〉原子番号1，質量数2の二重水素：$_1^2$H …

分子内の原子数は元素記号の右側の下付き添字で表すが，原子数1の場合はこれを省略する．

〈例〉 H_2O, H_2SO_4 …

ある原子または分子がイオン化状態にあったり，電子の励起状態にあったりした場合には元素記号の右側の上付き添字で示す．また核励起状態のときは質量数のあとに * 印を，さらに準安定状態のときは質量数のあとに（立体フォントの）m を付けることになっている．

〈例〉イオン化状態：H^+, Na^+, SO_4^{2-} …

〈例〉電子励起状態：He^* …

〈例〉核励起状態：$^{137*}Xe$,　準安定状態：^{133m}Xe …

二つ以上の元素を使って，化学式の組成を表す場合は元素間はエヌダシュ '–' を使ってつなぐ[†]．

〈×〉 Ni-Al-Si …　　〈○〉 Ni–Al–Si …

4.2.5　物理化学定数

物理化学で用いる各種の定数は測定精度の向上によって，より信頼のおける正確な値になりつつあり，その信頼できる値を世界的に統一して管理する必要がある．そのため1966年に科学技術データ委員会(CODATA：Committee on

---

[†] 詳しくは44ページの4.2.3項を参照．

Data for Science and Technology)が設立され，それらの値を管理している[17]．

最近は 4 年ごとに定数の見直しがされており，米国の国立標準技術研究所（NIST: National Institute of Standards and Technology）から公開されている[18]．最新値は 2015 年 6 月 25 日発表の 2014 年版であり，日本では 2014 年 CODATA 推奨値と呼ばれる．代表的な基礎物理化学定数についての 2014 年 CODATA の推奨値を表 4.9 に示す．各定数は有効数字の 6 桁目以降くらいの値は変化することがあるので，最新のデータを取り寄せて使用することが望ましい．なお表中の定数の括弧付きの数値は，その値の標準不確かさを表している．標準不確かさの表記法については 66 ページの例 5.2 を参照してほしい．

表 4.9 基礎物理化学定数

物理化学量	記号	数値	単位
真空中の光速度 *	c, c_0	$2.997\,924\,58 \times 10^8$	$\mathrm{m \cdot s^{-1}}$
真空中の透磁率 *	$\mu_0 = 4\pi \times 10^{-7}$	$1.256\,637\,061\,4\cdots \times 10^{-6}$	$\mathrm{H \cdot m^{-1}}$
真空中の誘電率 *	$\varepsilon_0 = c^{-2}\mu_0^{-1}$	$8.854\,187\,817\cdots \times 10^{-12}$	$\mathrm{F \cdot m^{-1}}$
万有引力定数	G	$6.674\,08(31) \times 10^{-11}$	$\mathrm{m^3 \cdot kg^{-1} \cdot s^{-2}}$
プランク定数	h	$6.626\,070\,040(81) \times 10^{-34}$	$\mathrm{J \cdot s}$
素電荷	e	$1.602\,176\,620\,8(98) \times 10^{-19}$	C
電子の質量	m_e	$9.109\,383\,56(11) \times 10^{-31}$	kg
陽子の質量	m_p	$1.672\,621\,898(21) \times 10^{-27}$	kg
電子の磁気モーメント	μ_e	$-9.284\,764\,620(57) \times 10^{-24}$	$\mathrm{J \cdot T^{-1}}$
陽子の磁気モーメント	μ_p	$1.410\,606\,787\,3(97) \times 10^{-26}$	$\mathrm{J \cdot T^{-1}}$
アボガドロ定数	N_A, L	$6.022\,140\,857(74) \times 10^{23}$	$\mathrm{mol^{-1}}$
気体定数	R	$8.314\,459\,8(48)$	$\mathrm{J \cdot mol^{-1} \cdot K^{-1}}$
ボルツマン定数	$k = R/N_\mathrm{A}$	$1.380\,648\,52(79) \times 10^{-23}$	$\mathrm{J \cdot K^{-1}}$

注）2014 年 CODATA 推奨値による．* は定義値．

4.3 数式と図表

4.3.1 数式

科学技術文書では数式が多用されることが多い．数式には四則演算以外に微積分記号を含む演算，物理化学定数や三角関数 $\sin(x)$ のような関数，そして新しく定義した変数を表す文字変数が，上付き，あるいは下付きの添字付きで使われる．

> **例 4.4（プライム記号）** プライム記号，例えば y' は関数 y の微分を意味する場合と変数 y と同様な変数 y' を表す場合に使われる可能性があり，混乱するので使用を避けたほうがよい．

文章中の数式は，その長さが短いときには文章中にそのまま記述する．しかし分数表現 $\dfrac{a}{b}$ や和 $\sum\limits_{n=1}^{\infty}$，積 $\prod\limits_{i=0}^{\infty}$，積分記号 $\int_0^{\infty}$ 等があると，行間隔が変化して体裁が悪くなるので，通常はあまり行間隔が広がらないような形 a/b, $\sum_{n=1}^{\infty}$, $\prod_{i=0}^{\infty}$, $\int_0^{\infty}$ で表現する．

重要な数式や式の展開を説明したりするときには目立つように改行して別行とする．独立した数式は，その文書のスタイルに応じて左寄せ

$$y = f(x)$$

またはその行の中央

$$y = f(x)$$

に置く．ただし置きかたは文中で統一しなければならない．特にあとの文章中でその数式を引用するために，式番号を付けて

$$y = f(x) \tag{4.1}$$

と表すことが多い．1 行に収まらないような長い数式は，演算記号の前後などの区切りのよいところで改行して

$$\begin{aligned} f(x) = &\, 2x^5 - 3x^2 + \frac{2}{3}\int_{-\infty}^{x}\left(s^4 - 5s^3 - \frac{1}{5}s^2 + 2s - 4\right)ds \\ &\, + \frac{\partial}{\partial t}\left(5t^2 x - 3tx + \frac{t^2 + 3tx - 1}{2tx + 4}\right) \end{aligned} \tag{4.2}$$

としてもよい．

指数関数の指数部に分数が含まれるような場合には，わかりやすく，かつ小さな文字が増えないように表記を工夫する必要がある．

50   4. 適した書式

×好ましくない表記例:

$$g(x) = \frac{2e^{\frac{3}{5}ikx}}{3x^2 - 1} \tag{4.3}$$

○好ましい表記例:

$$g(x) = \frac{2e^{3ikx/5}}{3x^2 - 1} \quad \text{または} \quad g(x) = \frac{2\exp\left(\frac{3}{5}ikx\right)}{3x^2 - 1} \tag{4.4}$$

式の変形等を示すときのように,二つ以上の等号が続く場合には,改行して等号の位置をそろえるほうが見やすい.また式が長く式番号と区別しにくくなる場合には,式番号だけを改行して表示することもある.

$$\begin{aligned}
H_z^s &= \frac{1}{2j} \int_0^\infty e^{jkx'\cos\phi_0} \frac{\partial}{\partial y'} H_0^{(2)}(k\sqrt{(x-x')^2 + (y-y')^2}) \bigg|_{y'=0} dx' \\
&= -\frac{k}{2j} \int_0^\infty \frac{y\, e^{jkx'\cos\phi_0}}{\sqrt{(x-x')^2 + y^2}} H_0^{(2)\prime}(k\sqrt{(x-x')^2 + y^2}) dx'
\end{aligned} \tag{4.5}$$

最近の JIS Z 8201 の標準では,以下に示す**虚数単位**や微積分等の表記も斜体ではなく立体表記が推奨されているが,数式に微積分を多用する技術文書ではフォントの変更が大変であることもあり,まだ一般的にあまり普及していない.

	一般的な表記		推奨される表記
虚数単位	$i\,(j)$	→	i (j)
指数関数	e	→	e
微分表記	$\dfrac{d}{dx}f(x)$	→	$\dfrac{\mathrm{d}}{\mathrm{d}x}f(x)$
積分表記	$\int dx$	→	$\int \mathrm{d}x$

数式中に括弧が多用されると,わかりにくくなるので注意する.

例 4.5(括弧の種別)　数式中で複数の括弧を使うときは,種類を変えて ⟨ { [(英文で多い)] } ⟩ または ⟨ [{ (和文で多い) }] ⟩ の順にくくって使うことが多いが,それでも足りないときは大きさを変化させて使う.

数式の前後にはその式で使われているすべての変数等の説明を入れ，その数式のもつ物理的な意味や説明を文章でも加えることが望ましい．式番号は文頭からの通し番号とするが[†1]，長い文書の場合には章や節ごとに番号を振り直す．前述の例では式 (4.2) は第 4 章の 2 番目の式を表しており，引用するときは式 (4.2) と書き，(4.2) 式とは書かない[†2]．これは図番号や表番号についても同様である．

〈◯〉 式 (3.45), 図 8, 図 5.3, 表 6.2, 表 II ⋯
〈×〉 (3.45) 式, 8 図, 5.3 図, 6.2 表, II 表 ⋯

4.3.2 関　数　名

三角関数 $\sin x$，対数関数 $\log_e x$ や指数関数 $\exp x^2$ のように，関数の名前が割り当てられた文字は立体フォントで表し変数と区別する．また関数が**多価関数**の場合には，値の**主値**をとる場合には大文字を使うことがある[†3]．関数名も国や分野によっては異なる名前が使われることがあるので，自分で定義した関数も含めて誤解されないように注意する．

例 4.6（正弦関数 $\sin x$）　例えば正弦関数 $\sin x$ を $sinx$ と表すと，s, i, n, x の四つの変数の積と勘違いすることがあるから，関数名は必ず立体フォントを使う．正弦関数の逆数は**余割関数**（cosecant function）と呼ばれ，$\csc x$ または $\operatorname{cosec} x$ で表す．すなわち $\csc x = 1/(\sin x) = (\sin x)^{-1}$ である．これを $\sin^{-1} x$ と書くこともあるが，正弦関数の逆関数である**逆正弦関数**と混同する可能性があるので使わないほうがよい．逆正弦関数は $\arcsin x$，もしその主値を表すのなら $\operatorname{Arcsin} x$ と表すほうがよい．

[†1] 類似した式は $(6.2a), (6.2b)$ のように，あとに $a, b, \cdots$ を付けることもある．
[†2] 例えば簡単に 3 式と書くと，三つの式（複数形）の意味なのか，3 番目の式なのか混同するおそれがあるため．
[†3] 多価関数とは二つ以上の解をもつ関数で，その解の範囲を制限して得られた代表値を主値という．例えば $\arcsin(1/2)$ は多価関数で n を整数として $\pi/6 + 2n\pi, 5\pi/6 + 2n\pi$ の値をとるが，その主値 $\operatorname{Arcsin}(1/2)$ は $\pi/6$ である．詳しくは文献[19]を参照．

4.3.3 図　　　表

科学技術文書においては，文章だけでは理解しにくい説明のために，しばしば図が，また得られた数値を一覧にして見やすく表示するために表が使われる．ここでは一般的な図表の作成について述べる．実験によって得られた測定値や数値計算によって求めた数値データをプロットしたグラフの作成については，5章において詳しく述べる．

図や表を本文中に挿入するときには，本文での説明の直後が原則である．図表の大きさの関係で，その位置が次ページ以後にずれても，前ページにおくことはない．図中で使う文字，記号等は，本文中のものと一致させなければならない．特に図表をコンピュータソフトで作ったとき，標準で使われる文字等が本文で使っているものとは異なることがあるので注意する．

最近の科学技術論文では，本文が日本語であっても図表の表題・説明（これを**キャプション**（caption）という）や図中のグラフの説明（**凡例**(はんれい)という）を英語を使って書けと指示されることがある．これは日本語を理解しない研究者でも図表や数式から，その論文の要旨が理解できることがあるからである．

以前は図表の本文への差し込みは，その位置決めも含めて出版・編集社に任されていたので，図表は本文原稿とは別の紙に，最終仕上がりの約2倍の大きさに用意し，写真製版で差し込んでいた．最近は図表のファイルを添付するか，本文中に直接貼り付けて提出することも多くなっている．

図 4.1 のように図題目・説明はその図の下に図番号とともに中央ぞろえで記述するが，表の場合には**表 4.10** のように表番号とともにその表の上に記述す

図 4.1　図題目・説明は図の下に

表 4.10　表題目・説明は表の上に

セル 1	セル 2	セル 3
セル 4	セル 5	セル 6
セル 7	セル 8	セル 9
セル 10	セル 11	セル 12

ることが多い．通常図表のフォントサイズは本文よりも小さいものを使用するため，最終の仕上がりを考えてグラフの線種，刻みや色，線の太さ，文字の大きさ等に気をつける．また表の外枠や罫線の引きかたは，指定がなければ自分が見やすいと思う形でよい．

出版・編集社は，図，特に写真の解像度を気にする．提出した図を編集の過程で拡大，縮小することはよくあることであり，こうした操作をしたときに，解像度が落ちてしまうことがある．写真の保存によく使われる jpg のファイル拡張子を使う JPEG（Joint Photographic Experts Group）方式はファイルの大きさを縮小するための圧縮により，その画像の質が落ちるので望ましくない．好まれるファイル書式は，ファイルの容量は大きいが画質が落ちない TIFF（Tagged Image File Format）方式，PDF（Potable Document Format）方式，PS（Post Script）方式や TeX でよく使う EPS（Encapsulated Post Script）方式である．

> **例 4.7（図中の文字）**　図中の文字は本文よりも小さなフォントサイズとなるので，かなり見にくくなる．特に日本語の明朝体や英文字のローマン体（ABCabc..）は，文字の太さが均一でないので，何度もコピーをとったり，縮小コピーしたりすると，画像の解像度が落ちて，小さな文字はわかりにくくなる．したがって図の中のフォントは太さの一定のもの，例えば日本語なら**ゴシック体**，英文なら**サンセリフ体**（ABCabc..）のようなものを使用することを勧める．

図表の前後には十分余白をとったり，図表題・説明文に本文よりも小さなフォントを使うなどして，本文と混同しないように心がける[†]．

4.4　転載と参考文献の引用

他の図書，雑誌等に出ている図，表，写真等を自分の文書に使うことを**転載**と

[†] フォントのサンセリフとはフランス語（Sans-serif）の文字修飾のひげ（serif）がない（sans）からきている．

4. 適した書式

いう.転載する場合には,その図の著作権をもつ著者や出版社・機関から事前に書面をもって了解を得ることが必要であり,無断で転載してはならない.なお転載は,原則として最も初めに掲載された著作物から行うことが望ましく,転載許可が得られたことを明示しなくてはいけないし,勝手に内容を改変してはいけない.許可の得られた図表の標題に

> 転載許可番号,著者名,書籍・論文誌名,出版年,出版社もしくは著作権をもつ機関

等の情報を入れる.

　参考文献は,さらに詳しい知識を得るためのものであり,読者が必要に応じてその文献を調査できるような情報を載せる必要がある.したがって,できるだけ代表的な文献,参考書等を掲載し,特定著者の文献のみの羅列,またあまり細部にわたる文献を多数羅列することは避ける.通常,文献は文末に一括して掲げる.

　文献として**引用**される可能性のある著作物には,国内外の単行本,雑誌,論文誌,カタログ,インターネットのホームページ情報等これらのすべてが含まれる.文化庁によれば,著作権法上の他人の主張や資料等を引用する場合の例外(著作権法 第32条 第1項)として,引用する文献名を明記することにより,以下の条件を満たせば許諾をとらなくてもよいことになっている.

　著作物等の**例外的な無断利用**ができるための要件[20]

ア.すでに公表されている著作物であること
イ.「公正な慣行」に合致すること
ウ.報道,批評,研究などのための「正当な範囲内」であること
エ.引用部分とそれ以外の部分の「主従関係」が明確であること
オ.カギ括弧などにより「引用部分」が明確になっていること
カ.引用を行う「必然性」があること
キ.「出所の明示」が必要なこと(複製以外はその慣行があるとき)

　引用する参考文献は,通常文頭からの通し番号を付けて文章末にまとめて記載することが多いが,論文を投稿する場合には,その論文原稿の書きかたに沿った

書式・順番を必ず確認して使うこと．引用する文献の本文該当箇所にその文献番号として角括弧 [1], [2], [3], 丸括弧 (1), (2), (3), または片括弧 1), 2), 3) を同じ大きさのフォントか，あるいは本書のように右肩 [1),2)] に付ける．同じ箇所で複数の文献を引用するときは，出版された年月日の古いものを先にする．文章末にまとめて参考文献を列記する場合，読者があとで文献を探しやすいように情報を詳しく挙げる．以下の例は本書の引用・参考文献の書式を基に記述した．

★書籍の引用：

文献番号，著者名，書籍名，{総ページ数，} 書籍出版社名，発行年

〈例〉1) 白井 宏，「応用解析学入門」，274p., コロナ社，1993.

総ページ数は 274p. のように記載する[†]．海外に多くの出版支社をもつような出版社の場合には，出版場所も入れることがある．英文の姓名の順番は文献によって異なるが，姓（last name）以外は頭文字のみ記述して，どの単語が姓であるかわかるようにするのが一般的であり，その順番をすべて統一すること．また書籍名は斜体で *Book Title* とすることが多い．

〈例〉2) L.B. Felsen and N. Marcuvitz, *Radiation and Scattering of Waves*. 924p., Prentice-Hall, Englewood Cliffs, New Jersey, USA 1973.

★複数の著作を 1 冊の本に編集者が編集した書籍からの引用：

文献番号，著者名，標題，書籍名，編集者名，関連ページ，書籍出版社名，発行年

〈例〉3) 白井 宏，「RCS の角度変化を用いた手法」，技術研究報告（第 1340 号），「電磁界逆散乱解析」，電磁界逆散乱解析調査専門委員会 編，pp. 38–44, 電気学会，2015.

和文でも論文の最初と最後のページを書くときは，前述のように pp. 38–44 とするか単純に 38–44 と入れる．ただし 1 ページのみの短い論文の場合には，p. 38 となる．英文の場合には，編集者が一人なら editor の略語として 'ed.' を，複数なら editors の略語として 'eds.' を入れる．

[†] p.274 と表す場合もあるが，総ページではなく，274 ページのみの引用と区別するためにここでは 274p. としている．

〈例〉4) L.B. Felsen, I.T. Lu and H. Shirai, "Hybrid ray-mode and wavefront-resonance techniques for acoustic emission and scattering in multiwave layered media", *Solid Mechanics Research for Quantitative Non-Destructive Evaluation*, J. D. Achenbach and Y. Rajapakse eds., pp. 377–388, Martinus Nijhoff Publishers, Dordrecht, The Netherlands, 1987.

★論文誌や雑誌からの論文の引用：

文献番号，著者，標題，論文・雑誌名，巻 (volume)，号 (number)，関連ページ，発行年月

〈例〉5) 白井 宏，「電磁波伝搬の三次元可視化表現」，電子情報通信学会 和文論文誌 C, Vol. J97–C, No. 9, pp. 335–341, 2014 年 9 月.

論文誌のように何年間も継続して発行されている場合には，最初に発行された年を 1 巻として巻数が入り[†1]，省略形として Vol. を使うことが多い．またその年，あるいは巻の中に複数回発行される個々の冊子を特定するために，号数を No. として入れる．巻数，号数，ページ数は通常この順番で記述するので，前述の例は簡単に J97–C(9), 335–341, と記述する場合もある．

英文誌の場合は

〈例〉6) H. Shirai, M. Shimizu and R. Sato, "Hybrid ray-mode analysis of E-polarized plane wave diffraction by a thick slit", *IEEE Trans. on Antennas and Propagat.*, Vol. 64, No. 11, pp. 4828–4835, Nov. 2016.

となる．なお標題は引用符を使って「標題」，英文の場合には "title" でくくることが多く，英文では論文誌名や雑誌名は斜体で *Book Title* とすることが多い[†2]．また引用する論文誌名や雑誌名は，すべてを記載するとかなり長くなることがあるので，標準的な省略記載のしかたを，その分野の学会が定めている

[†1] 出版社によっては半年ごとに巻数を加える場合もある．
[†2] 引用符と読点の順番は和文では「・・・」，が一般であるが，英文では "・・・," が米国式で，"・・・", が英国式のようである．和英の引用が混載されるときは後者に統一したほうが見栄えがよい．

ことが多いのでそれらを参考にするとよい[†1]．

　共同研究の場合には，すべての著者を記載するのが原則であるが，物理系の共同研究の論文は共著者が多いことがある．共著者が数人以上の場合には，引用の場合には，第一著者のみを挙げて'他'，英語の場合には'et al.'と入れる[†2]．

〈例〉7) 望月 章志 他,「携帯電話の頭部 SAR 測定法で用いる頭部ファントムのサイズに関する検討」，電子情報通信学会 和文論文誌 B, Vol. J85-B, No. 5, pp. 640–648, 2002 年 5 月．

〈例〉8) K. Sasaki et al., "Dosimetry of a localized exposure system in the millimeter wave band for in vivo studies on ocular effects", *IEEE Trans. on Microwave and Theory and Techniques*, Vol. 62, No. 7, pp. 1554–1564, July 2014.

★ホームページからの引用：

　個人的に作られたホームページは，その内容が不正確なこともあるので，引用を避けたほうがよいが，官公庁の公開している白書や資料は引用してもよいであろう．ただし公開した内容が更新されることを考えて，その内容を確認した時点での公開された年{月}がわかれば，入れておいたほうがよい．

文献番号，著者名，標題，ホームページの URL，確認した年{月}

〈例〉9) 文化庁，「国語表記の基準」，最新の参考資料はホームページ http://www.bunka.go.jp/kokugo_nihongo/sisaku/joho/joho/kijun/sanko/index.html（2018 年 11 月）から入手可能．

★その他の引用：

　そのほか参考文献として使えるのは，その引用された文献があとから別の人が調べることができるものである．いろいろな参考文献の引用が可能であり，記載方法は前述の例を参考にして，読者が間違えることなくその文献にたどり着けるように書けばよい．

[†1] 例えば文献[21]を参照．
[†2] et al. はラテン語の et alii もしくは et aliae の省略形で'その他'という意味である．

4. 適した書式

　入手が一般に困難な文献は引用すべきではなく，他の研究者があとで入手しやすいものを引用するように心がける．入手が困難な文献を引用したいときには，文献の書誌情報だけでなく，その文献の内容がわかるように記載する．

　ごく稀な例として，特に重要なまだ発表されていない成果や**私信**[†]を引用することもあるが，一般的には避けたほうがよい．

　短い論文やレター，ショートノートと呼ばれる2, 3ページの論文の場合には論文自体が短いので，参考文献も論文名等を省略して検索に必要な最低限度の情報のみを記載する場合が多い．

コーヒーブレイク

長さいろいろ（I）

　現在でも長さの単位ほど，いろいろ使われているものはない．身近にあるもので決められたといわれているものがたくさんある．これらも時代，地区によって差異があるが，代表的なものを以下に示す．

- ディジット（digit）：1 digit = 1.905 cm，指1本分の幅
- 文（もん）：1 文 = 約 2.4 cm，昔の一文銭の直径
- インチ（inch）：1 inch = 2.54 cm，親指の幅
- 寸（すん）：1 寸 = 約 3.03 cm，親指の幅
- 束（つか）：1 束 = 約 7.6 cm，握りこぶしの幅
- パーム（palm）：1 palm = 7.62 cm，握りこぶしの幅
- スパン（span）：1 span = 22.86 cm，開いた手のひらの長さ
- 尺（しゃく）：1 尺 = 約 30.3 cm，広げた手の親指の先から中指の先までの長さ
- フィート（foot, feet）：1 foot = 12 inch = 30.48 cm，足のかかとからつま先までの長さ
- キュービット（cubit）：1 cubit = 45.72 cm，曲げた腕の肘から中指の先までの長さ
- ヤード（yard）：1 yard = 91.44 cm，鼻先から伸ばした腕の親指までの長さ
- 間（けん）：1 間 = 6 尺 = 約 181.8 cm，日本建築の柱と柱の '間' の意味

80ページへ続く...

[†] 研究者間の個人的な会合や手紙のやり取りで得られた，まだ発表されていない研究成果や情報のこと．英語では private communication という．

5 実験結果や計算結果のまとめかた

通常技術論文としてまとめて公表する価値があるかどうかは，得られた実験結果や計算結果，あるいは導出した定式化や証明が，今までに発表されていない新しい成果であったり，今まで知られているものよりも有効であることが必要となる．こうした判断をするためにも，実験や計算で得られた結果をわかりやすくまとめることは重要である．共同研究や研究グループの討論においては，まずこうした研究成果をみて，研究報告や学術論文として報告する価値があるかを検討することになる．本章ではこうした研究成果のまとめかたについて考えよう．

5.1 実験結果のまとめかた

5.1.1 実験の詳細をノートに

測定実験を行いデータを取得する場合，まず実験環境を整える．一度実験を始めると，かなりの時間を費やすので，あらかじめ実験手順，必要な器材，試薬，試料等を確認し，実験前に測定器等は十分な時間をかけて温度を安定させて機器の較正を済ます．別の人が再度実験を行うこともあることを想定して，実験ノートには，その実験に関係しそうなすべての内容：実験環境（実験日時，温度，湿度，気圧，天気等）や行った手順を詳細に記録しておく．長時間にわたる実験の場合には，特に環境の変化に注意する．

実験前にどのような実験結果になるかを理論的に予測できたりするときは，できるだけ実験でデータを取得しながら，それらをグラフ用紙等にプロットし

ながら進め，何かデータに不安を感じたなら，早めに実験の確認をしたほうがよい．また気がついたことは，何でも実験ノートにメモとして残し，考察の参考にする．

5.1.2 測定精度と有効数字

実験を行い，測定した結果をまとめるうえで注意することは，測定結果の精度である．例えば，実験で長さの測定が必要であるとしよう．その長さがセンチメートル単位の精度でよければ，物差しで十分なのかもしれないが，ミクロンオーダの精度で要求されていれば，マイクロメータが必要になる．したがって実験を行う前に，何をどのくらいの精度で測定するのかを検討し，それに応じた測定器を用意しなければならない．最近は測定器の精度が高くなり，最終結果はアナログ式メータの針の位置を読むのではなく，ディジタルで表示されたり，直接コンピュータにデータを送ることができるようになり便利になってきた．しかしここで注意することは，たとえディジタル表示で数値が 10 桁表されても，そのデータが本当に 10 桁の精度があるか？ ということである．

30 cm の物差しには，通常目盛が 1 mm 単位で刻まれており，その物差しを使って長さを測る場合には，我々は目分量でミリ単位の目盛りの間を読んで，10 分の 1 ミリまで測定できる．もちろん最後の桁は別の人が測ると異なる可能性があるし，同じ人が再度測っても異なるかもしれない．もっと精度を上げたくてマイクロメータを使いたくても，長さが 5 cm を超えると特殊なマイクロメータでないとうまく対象物を挟めなくて測れない可能性が高い．最終的に必要となる測定値の精度を事前に考えて，必要な測定器をそろえて実験を行う必要がある．

いま測定値が 13.5 mm であり，最後の 0.1 mm の桁は目分量で測っているから，おそらく 0.1 mm 程度の誤差範囲であろうと考えて 13.5 ± 0.1 mm と表すことがあるが，これは数学的には正しくない．なぜなら $a = 13.5 \pm 0.1$ は 13.6 と 13.4 の二つの値を示しているだけで，測定値がその間にあることを示しているわけではないからである．標準不確かさの正確な記述法はあとで出てくるが，

とりあえず以下の例では，± はその範囲に測定値があることを示していると考えてほしい．

> **例 5.1** 縦横の長さがそれぞれ a, b の物体があり，この物体の周囲長 $2(a+b)$ と面積 ab の測定値が必要になったとしよう．縦横の長さが同程度の物体の場合，例えば物差しで測り $a = 13.5 \pm 0.1$ mm, $b = 4.3 \pm 0.1$ mm であったなら，縦横の長さにそれぞれの誤差を足した値と引いた値を用いてとり得る値を計算すると，周囲長は $2(a+b) = 35.6 \pm 0.4$ mm であり，面積は $ab = 58.05 \pm 1.79$ mm^2 となる．周囲長の誤差は，長さの誤差 ± 0.1 mm の 4 倍の可能性がある．これに比べて面積の場合の誤差は単純な誤差どうしの掛け算ではなく，範囲が大きくなっていることに注意する必要がある．
>
> もし非常に薄い物体の場合にはどうなるであろうか？ 横幅 b が薄くて 1 mm に満たないときに，目盛りが 0.01 mm まであるマイクロメータで測って $b = 0.345 \pm 0.001$ mm と測った場合，周囲長は $2(a+b) = 27.6 \pm 0.2$ mm であり，面積は $ab = 46.57 \pm 0.48$ mm^2 となる．横幅をマイクロメータで読むことにより，面積の誤差範囲はかなり小さくなるが，周囲長の測定にはあまり意味がない．

5.1.3 雑音の影響

測定用の電子機器はいろいろな測定量を，電気的な電圧や電流量に変換して測定しているが，こうした測定器を含む電気回路の中を伝搬する電気信号が受ける無作為的な変動を**雑音**（noise）という．その発生にはいろいろな原因がある．

電気抵抗中の自由電子の不規則な熱振動によって生じる雑音を**熱雑音**（thermal noise）という．熱雑音により，電気回路中の電圧や電流がそれぞれ温度の平方根に比例した変動を受けるため，極低温に冷却することによって，その影響を小さくすることができる．

このほかにも電流のゆらぎによって生じる**ショット雑音**（shot noise）や周波数の低い成分に生じる**フリッカ雑音**（flicker noise）等がある．詳しくは電子

計測の教科書を参考にしてほしい.

周りにある周辺機器から放射された信号が測定器中に混信することによっても測定値に影響を及ぼす場合はあるので,実験の環境を整えることが重要である.

5.1.4 誤 差 分 布

実験値には誤差がつきもので,同じ条件で測定をしたつもりでも得られた値にはばらつきが生じる.例えば

- 測定者の読み取り誤差:同じ測定者によって測定したり,測定をしながらその値を記載して確認することによって,ある程度防ぐことができる.
- 測定器の較正が正しくないことによる誤差:測定前や測定中に測定器が正しい値を示すかを,標準的なものを測定することで確かめる(これを測定器の較正(calibration)という).
- 温度,湿度,気圧等の周りの環境の変化による誤差:実験環境を整えて環境が変化しないように工夫する.
- 測定器中の雑音によって生じる誤差:実験室内の不必要な機器を排除し,雑音を低減する工夫をする.

等がある.測定を繰り返すことにより測定値のばらつきにも,ある一定の傾向を見ることができることもあり,その傾向から真値の値を推定できる.

(1) 統 計 分 布　　各種の統計データの解析では得られたデータがどのように分布しているかを調べる.その分布には**正規分布**(normal distribution),**対数正規分布**(log normal distribution),**ワイブル分布**(Weibull distribution),**レイリー分布**(Rayleigh distribution)等さまざまなものが知られている.自然界にある測定値のばらつきは,正規分布といわれる分布になることが多い[†1].

(2) 正 規 分 布　　ある連続事象 x が起きる**確率密度関数**[†2] $p(x)$ が

$$p(x) = \frac{1}{\sqrt{2\pi\sigma^2}} \exp\left(-\frac{(x-\mu)^2}{2\sigma^2}\right), \quad (-\infty < x < \infty) \tag{5.1}$$

[†1] 正規分布は**ガウス分布**(Gaussian distribution)ともいう.
[†2] 確率密度関数(probability density function)はしばしば PDF と省略される.

で表される分布を正規分布といい，μ をその分布の**平均**（mean），$\sigma(>0)$ を**標準偏差**（standard deviation），σ^2 を**分散**（variance）という．分散 σ^2（あるいは標準偏差 σ）が小さいと平均 μ の近くに値は集中して分布し，分散が大きいとなだらかに分布する．正規分布は平均と分散が与えられると一意に決まるので，式 (5.1) の $p(x)$ を $\mathrm{N}(\mu,\sigma^2)$ と表すこともある．特に $\mu=0$, $\sigma=1$ のとき，この分布は**標準正規分布**という．図 **5.1** ならびに表 **5.1** に分布 $\mathrm{N}(0,1)$ の様子を示す．

表 **5.1** 標準正規分布の $p(x), \varPhi(x)$

x	$p(x)$	$\varPhi(x)$
$-\infty$	0.000 00	0.000 00
-3.00	0.004 43	0.001 35
-2.50	0.017 53	0.006 21
-2.00	0.053 99	0.022 75
-1.50	0.129 52	0.066 81
-1.00	0.241 97	0.158 66
-0.50	0.352 07	0.308 54
0.00	0.398 94	0.500 00
0.50	0.352 07	0.691 46
1.00	0.241 97	0.841 34
1.50	0.129 52	0.933 19
2.00	0.053 99	0.977 25
2.50	0.017 53	0.993 79
3.00	0.004 43	0.998 65
∞	0.000 00	1.000 00

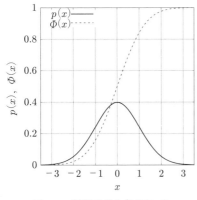

図 **5.1** 標準正規分布 $\mathrm{N}(0,1)$

$p(x)$ は確率密度関数であるので

$$\int_{-\infty}^{\infty} p(x)dx = 1, \quad p(\mu) = (2\pi\sigma^2)^{-1/2} \tag{5.2}$$

であり，事象 x が $\mu \pm \sigma$ に存在する確率は 68.27 %，$\mu \pm 2\sigma$ に存在する確率は 95.45 %，$\mu \pm 3\sigma$ に存在する確率は 99.73 % である．

連続事象 x が $-\infty$ から x となるまでの確率は確率密度関数 $p(x)$ を用いて

$$\varPhi(x) = \int_{-\infty}^{x} p(x)dx \tag{5.3}$$

で表され,これを**累積分布関数**[†1]という.定義から $\Phi(-\infty) = 0$, $\Phi(\infty) = 1$ であり,図 5.1 に示すように $\Phi(x)$ はゼロから 1 までの値をとる**単調増加関数**である.

正規分布 $N(\mu, \sigma^2)$ の場合には式 (5.1) から

$$\Phi\left(\frac{x-\mu}{\sigma}\right) = \frac{1}{2}\left[1 + \mathrm{erf}\left(\frac{x-\mu}{\sigma}\right)\right] \tag{5.4}$$

となる.ただし $\mathrm{erf}(x)$ は

$$\mathrm{erf}(x) = \frac{2}{\sqrt{\pi}}\int_0^x e^{-t^2} dt \tag{5.5}$$

で定義された**誤差関数**(error function)と呼ばれる特殊関数で,数表が用意されている.

平均 μ と分散 σ^2 が未知である正規分布に対して,無作為に抽出した N 個の標本点 $x_i (i = 1, \ldots, N)$ から推定した元の正規分布の平均 $\hat{\mu}$ と分散 $\hat{\sigma}^2$ は

$$\hat{\mu} = \frac{1}{N}\sum_{i=1}^{N} x_i, \quad \hat{\sigma}^2 = \frac{1}{n}\sum_{i=1}^{N}(x_i - \hat{\mu})^2 \tag{5.6}$$

となる.$\hat{\mu}$ を**標本平均**(sample mean),$\hat{\sigma}^2$ を**標本分散**(sample variance)と呼ぶ[†2].

(3) 検　　定　繰り返し測定で得られた測定値の分布がどのような分布になっているかを確かめることを**検定**(verification)という.検定にはいくつかの方法がある.

確度は低いが簡単に目視で確認できる方法として,測定値の分布の形を調べることがある.実際に実験で測定した値の分布は,小さな区間(**階級**)ごとに含まれる測定値の数(**度数**)を棒グラフで表現した**ヒストグラム**(histogram)で調べることになる.階級を十分細かくとったヒストグラムの分布の形が,どのような分布に近いかを見て判断する.

[†1] 累積分布関数(cumulative distribution function)はしばしば CDF と省略される.
[†2] 標本分散を式 (5.6) の代わりに $\hat{s}^2 = \frac{1}{n-1}\sum_{i=1}^{N}(x_i - \hat{\mu})^2$ で推定する方法もある.標本数が多ければ両者に大きな違いはない.

統計データを**確率紙**（probability plot）という特殊なグラフ用紙にプロットすることにより，そのデータがどのような分布であるかを判定することができる．

図 **5.2** は**正規確率紙**と呼ばれる特殊な方眼紙で横軸は線形目盛，縦軸は正規分布の累積分布関数に関係した特殊な目盛になっている[†1]．この用紙の横軸に統計データ（確率変数）の値を，縦軸にその値以下の累積分布関数をプロットしたとき，図 5.2 のように直線に近ければ，得られた測定量は正規分布していると考えてよい．そのとき得られた直線の縦軸（累積分布関数）が 50%となるときの横軸の値が平

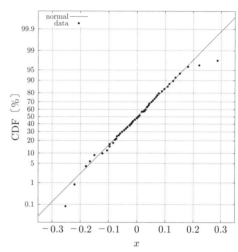

図 **5.2** 正規分布かどうかの検定をするときに使う正規確率紙

均 μ を示し，84.13%のところが平均 μ プラス標準偏差 σ の値となる．図 5.2 のデータ例では $\mu = 0$，$\sigma = 0.1$ となる[†2]．図中の左下と右上のデータが直線からずれているが，平均 μ から $\pm 2\hat{\sigma}$ 以上離れた標本点は，もともと数が少ないので，直線から多少ずれていてもあまり気にしなくてもよい．

正規確率紙の横軸を対数座標にした用紙が対数正規確率紙であり，その用紙にプロットした結果が直線になれば，測定データは対数正規分布をしていることになる．同様にそれぞれの分布に対応した確率紙が用意されており，それらを用いて測定データの解析ができる．

[†1] 式 (5.4) で示した累積分布関数 $\Phi(x)$ の曲線が直線になるように縦軸の目盛を変化させたと考えればよい．

[†2] 横軸の値が 15.87%となる交点の横軸は $\mu - \sigma$ となるから，その値から σ を推定してもよい．同様に $\mu \pm 2\sigma$, $\mu \pm 3\sigma$ から σ の推定も可能であるが，平均 μ から離れると標本数が少なくなるので，精度は落ちる可能性が高い．

5.1.5 標準不確かさ

JISでは得られた測定値のばらつきが正規分布と仮定される場合には，その標準偏差を**標準不確かさ**という．標準不確かさは測定値の有効数字とともに以下のように表記することもできる．

> **例 5.2（標準不確かさの表記）** もし繰り返し測定した距離 x の分布が正規分布に近く，その平均値 m が 1.2345 m（有効数字 5 桁）で標準偏差 σ が 0.0002 m であるとき，距離は不確かさを含めて $x = 1.2345(2)$ m と表記することもある．ここで不確かさを表す括弧内の数字は，有効数字の桁（この場合 5 桁）のつぎの **6 桁めの数字を表しているのではなく，5 桁めの不確かさを示している**ことに注意する．

5.1.6 実験データの表示

（1）グラフの種類 科学技術文書で使用するグラフは多種多様である．得られたデータをどのように見せるかによって，そこから引き出される結論も変わってくるかもしれない．したがって自分が何を言いたいのかをよく考えて，その主張を裏付ける根拠となるようなグラフを描く必要がある．

各座標軸の目盛は等分間隔に区切った**線形目盛**とあらかじめ常用対数を計算した**対数目盛**が標準的である．線形目盛で表すグラフで示すことができるデータは，用紙の大きさにもよるがせいぜい 3 桁の変化であるから，それ以上のデータの変化は対数目盛を使うか，表を用いて表すことになる．横軸と縦軸の目盛を線形，対数と異なるものを使うこともある．

図 5.3 に典型的な四つの目盛の場合で $y = x$ のグラフを描いた．片方の軸目盛を対数目盛にするときは**片対数表示**といい，縦横両軸を対数目盛にした場合を**両対数表示**という．常用対数目盛を付けた対数グラフ用紙も市販されているから，測定値を毎回電卓で対数に変換しながらグラフをプロットする必要もないが，用意された対数グラフ用紙は軸を逆さに書かないように気をつける[†]．ゼ

[†] 対数目盛は 1 桁上がるごとに目盛が疎から密になるのを周期的に繰り返す．

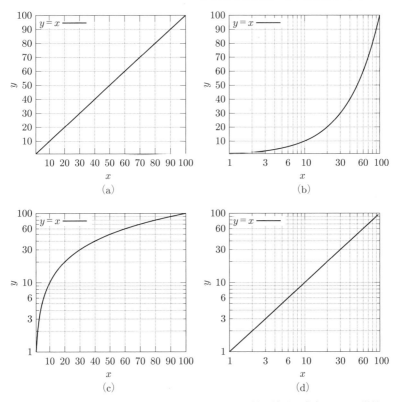

図 5.3 目盛を変えた $y = x$ のグラフ例:(a) 縦横両軸が線形目盛表示.(b) 縦軸は線形,横軸は対数目盛表示.(c) 縦軸は対数,横軸は線形目盛表示.(d) 縦横両軸が対数目盛表示.

ロの対数をとると $\log_{10} 0 = -\infty$ であるし,負の値の対数は複素数になり事実上表示できないことにも注意する.

対数グラフは目盛を対数目盛にして測定量を直接プロットする場合と,測定量の対数をとったあとの量を線形目盛で表す場合の2種類がある.どちらで表示しても構わないが,実験で測定しながらその様子をみるには,いちいち対数の値を電卓等で計算しなくてもよいので,対数目盛が便利である.一方で単なる対数をとるのでなくデシベル表示のように対数をとって10倍した表示をしたいときや,あとでグラフから値を読み取るには後者の線形目盛のほうが便利で

ある.対数グラフ表示の効用は後述する.線形目盛か対数目盛の場合には,特別な説明を付けなくても代表的な目盛の刻みで両者の区別はつく.もし特別な刻みで目盛を付けるのなら,文中に説明しなければならない.

このほかにも極座標表示の値の表示に便利な同心円と射線で目盛をとった円形のグラフや電気・通信系の分野で使うスミス図表(Smith chart)等がある.

(2) **エラーバー表示** 測定値の分布図を描いたとき,測定の繰り返しで得られた測定量の情報をすべての点で表すのではなく,得られたデータのばらつきを示す方法の一つにエラーバー表示がある.エラーバーは,図 **5.4**(a) のように,測定量の平均値の上下に,また図 5.4(b) のように,ヒストグラムの頂頭部の上下にひげを付けてその測定値のばらつきを示す.そのばらつきの大きさは,標準偏差値をとることが多いが,分野によっては測定値の最大値と最小値を使ったり,信頼区間を表したりすることもあるので,図の説明や文章中に必ず何を示しているかを明示しなければならない.

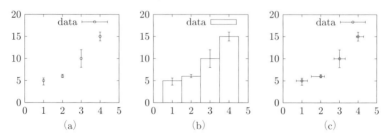

図 **5.4** エラーバー表示例:(a) 縦方向の一次元的なエラーバー表示.(b) ヒストグラムのエラーバー表示.(c) 縦横方向ともにばらつきのある 2 次元的なエラーバー表示.

5.1.7 測定値がある変数に対して変化する場合

測定実験ではある変数,例えば環境温度や印加電圧等を変化させながら,測定データをとることが多い.通常,その測定結果に影響を及ぼす可能性のある要因はたくさんあり得るので,実験には変数とするもの以外が一定となるような環境を整える必要がある.

横軸に変数 x の値を,縦軸にその変数に対する測定値 $f(x)$ を表す 2 次元座標

のグラフで結果を示すことが多い．ここで注意するのは，変数 x も測定値を使うと誤差を含んでいる可能性があることである．したがって，変数 x も繰り返し測定が必要になるかもしれないから，その都度変数 x が変化し，それに対応する測定値も変化する．その結果グラフへのプロットは前述した上下のエラーバー表示では示すことができなくて，図5.4(c) のように，測定量は上下と左右のエラーバーで示す2次元状に分布する可能性もある．

（１）予想曲線　測定点はグラフ上に点として丸印や×印等で表示するのが基本である．このときあまり大きな印を用いると実際の点がどこなのかあいまいになるので注意する．測定点が多くて，グラフ上で詰まって表示された結果，つながって見えるのならよいが，測定値を折れ線で結んで表示することはしないほうがよい．なぜなら得られた測定点は離散的なものであり，2点間が線形に変化しているかどうかはわからないからである．

通常はグラフ上に測定点だけではなく，比較のために理論で得られた曲線や変化の傾向を表す予想曲線を描くことがある．これらの曲線はあとで論文の考察を書く際に重要となる．理論から導き出された曲線の書きかたについては，次節を参考にしてほしい．

測定したデータの分布から，変化の傾向を表す予想曲線をどのように引くかはなかなか難しい．昔はグラフ用紙にプロットした測定点をにらみながら雲形定規や自在定規を使って，多くの点が近くを通るように曲線を引いた．しかし問題となるのは<u>理論結果等がなければ</u>，得られた測定値を結ぶ直線を引くべきか，曲線で結ぶべきかも実際には不明なことも多く，はたして多くの測定点を通れば，その曲線が意味をもつか？　ということである．複雑な理論解析の結果を数値計算して得られた結果が，複雑曲線になるのであれば，それを参考にして考察することは重要である．しかし理論的な計算結果もなく，得られた測定データを基にして予想曲線を引く場合には，あまり複雑な近似曲線を求めるよりも，単純な曲線で示したほうがデータの傾向を知るうえで有用である．

今は得られた測定データを計算機に蓄えプログラム処理によって，曲線をプロットできるので便利であるが，逆に計算機は指令のとおりにプロットするの

で，あいまいにできない．

例えば，測定値のプロットが図 5.5(a) のような変化をしているとしよう．このとき予想曲線が一次関数 $f(x) = ax + b$ でありそうなことがわかれば，すべての測定点との誤差を小さくするように未定係数 a, b を決めてプロットできる．しかし手で書くときのように，わざと曲線を曲げたりしてごまかすことはできないので，予想曲線をどのように選ぶかが重要なポイントになる．また文中にはなぜこのような予想曲線を選んだのかを含めた議論が必要である．

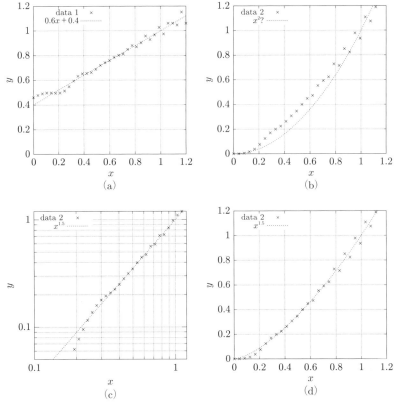

図 5.5　異なる目盛でプロットしたグラフ：(a) データ 1 が一次曲線にならんだ例（線形目盛）．(b) データ 2 の予想曲線が $y = x^2$ と思われる例（線形目盛）．(c) データ 2 を両対数目盛でプロットすると実は $y = x^{1.5}$ に近いことがわかる．(d) データ 2 の予想曲線を $y = x^{1.5}$ として再度線形目盛で描いた例．

予想曲線を引くために一般的に使われている誤差評価は，N 個の変数 x_i に対する測定値 y_i と予想曲線上の値 $f(x_i)$ の差の絶対値の 2 乗の和：

$$E = \sum_{i=1}^{N} |y_i - f(x_i)|^2 \tag{5.7}$$

が最小となる，いわゆる**最小二乗近似**（least squares method）を使うことが多い[†1]．

（**2**）**対数グラフの効用**　グラフに示した測定値の変化が図 5.5(b) のようなとき，一次関数ではなさそうであることは明白である．二次関数の放物線のようであるが，変数 x に対して 2 乗で変化しているのか，いや 2.5 乗かもしれない．このようなときに対数目盛のグラフを書いてみると効果的である[†2]．

例 5.3（$f(x) = \alpha x^\beta$ **の変化**）　図 5.5 に示す測定値の変化の予想曲線が α, β を未定の定数として $f(x) = \alpha x^\beta$ （$f(x) > 0, x > 0$）であると仮定しよう．両辺の常用対数をとると対数の性質により

$$\log_{10}\left[f(x)\right] = \log_{10}\left[\alpha x^\beta\right] = \log_{10}\alpha + \beta \log_{10} x \tag{5.8}$$

となる．上式はもし変数 x を対数目盛の横軸で，そして測定値 $f(x)$ を対数目盛の縦軸でプロットしたとき，結果のグラフは一次関数となり，縦軸の切片から $\log_{10} \alpha$ がわかり，傾きが β になる．図 5.5(b) に示した測定データは，両対数軸のグラフを描くと図 5.5(c) のようになり，これより傾きを求めると 1.5 となるので，推定曲線は予想していた $y = x^2$ と選ぶより $y = x^{1.5}$ としたほうがよさそうなことがわかる．こうして図 5.5(b) の代わりに，予想曲線を $y = x^{1.5}$ として入れたグラフが図 5.5(d) である．最終的に予想曲線を選んだら，測定値とその曲線との誤差評価を考察することが重要である．

[†1] 最小二乗近似は**最小自乗近似**とも書く．
[†2] ここで用いる対数目盛というのは底を 10 とする常用対数のことで，自然対数ではないことに注意する．もちろん常用対数以外の目盛を使いたければ，自分で対数をとってプロットすればよいが，通常対数目盛のグラフ用紙として市販されているのは常用対数の場合である．

例 5.3 のように両対数目盛のグラフから予想曲線を選ぶことができることもある．また変化の様子によっては片対数目盛のグラフが有効になることもある．

> **例 5.4（$f(x) = \gamma \delta^{\epsilon x}$ の変化）** 測定値の変化の予想曲線が γ, δ, ϵ を未定の定数として $f(x) = \gamma \delta^{\epsilon x}\ (f(x) > 0, x > 0)$ であると仮定しよう．まず両辺を底が δ の対数をとると
>
> $$\log_\delta \left[f(x)\right] = \log_\delta \left[\gamma \delta^{\epsilon x}\right] = \log_\delta \gamma + \epsilon x \tag{5.9}$$
>
> となる．対数の底を 10 に変換すると $\log_\delta f(x) = [\log_{10} f(x)]/[\log_{10} \delta]$ の性質から
>
> $$\log_{10} \left[f(x)\right] = \log_{10} \gamma + (\epsilon \log_{10} \delta)x \tag{5.10}$$
>
> 上式はもし変数 x を線形目盛の横軸で，そして測定値 $f(x)$ を対数目盛の縦軸でプロットしたとき，結果のグラフは一次関数になることを示しており，縦軸の切片から $\log_{10} \gamma$ がわかり，傾きが $\epsilon \log_{10} \delta$ になる．

以上のように，普段使っていない対数目盛のグラフを書いてみると思わぬ発見があるかもしれない．

（3）移動平均 ある変数に対する測定値が図 **5.6** のように，激しい振動と緩やかな振動が重なっているように見えることがある．この激しい振動は雑音等による測定誤差によるものの場合もあるし測定値固有の性質によるものかもしれない．このような変化の場合には，激しい振動と緩やかな振動を分離することができれば，深い考察ができる可能性が高い．

最初に激しい振動の影響を取り除くには，すべてのデータの平均ではなく，

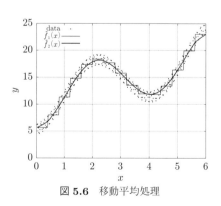

図 **5.6** 移動平均処理

ある区間における平均をとる．この値を**移動平均**（moving average）または**短区間平均**という．

変数 x が連続的に変化している測定値 $f(x)$ に対して，ある区間幅 W を定めて区間 $[x_i, x_i + W]$ の平均をとり

$$\bar{f}_1(x) = \frac{1}{W} \int_{x_i}^{x_i+W} f(s)ds, \quad (x_i < x < x_i + W) \tag{5.11}$$

を求める．もし離散データであれば，その区間の N 個のデータ $\{x_i, x_{i+1}, \cdots, x_{i+N-1}\}$ を使って

$$\bar{f}_1(x_i) = \frac{1}{N} \sum_{j=i}^{i+N-1} f(x_j) \tag{5.12}$$

とすればよい†．

式 (5.11), (5.12) によれば，求まる移動平均関数 $\bar{f}_1(x)$ は幅 W ごとに離散的に変化する階段関数となり，幅を定める始点 x_i の値で異なる関数となる．もし滑らかに変化する移動平均がほしければ各標本点 x_i に対して，その点の前後の区間 $[x_i - W/2, x_i + W/2]$ で移動平均

$$\bar{f}_2(x) = \frac{1}{W} \int_{x-W/2}^{x+W/2} f(s)ds \tag{5.13}$$

または離散データであれば，x_i の前後 $2N+1$ 個のデータ $\{x_{i-N}, x_{i-N+1}, \cdots, x_i, \cdots, x_{i+N}\}$ を使って

$$\bar{f}_2(x_i) = \frac{1}{2N+1} \sum_{j=i-N}^{i+N} f(x_j) \tag{5.14}$$

を定義すればよい．

区間幅 W を大きくとれば，移動平均 $\bar{f}_1(x), \bar{f}_2(x)$ は全体の平均値に近づき，緩やかな振動が吸収されてしまう．また区間幅 W を小さくとりすぎると激しい振動の影響が強く残るので，区間幅の選びかたが重要となり試行錯誤が必要

---

† 区間の中心のデータを使って区間を定義してもよい．またデータの最初と最後の近くでは標本数が少なくなるので，移動平均をとる効果が弱くなる．

であるが，区間幅 W の中に少なくとも数回の激しい振動データがあるように選ぶ必要がある．離散データの場合の移動平均 $\bar{f}_1(x_i), \bar{f}_2(x_i)$ についても同様である．細かい振動にとらわれて，測定データのもつ大局的な変化を見失わないようにしたい．

もし大まかな変動の様子がわかれば，元のデータから大まかな変動を引き算することにより細かい変動の様子を調べることができる．

例 5.5（都市部における電波信号強度） 車でドライブ中に FM ラジオ放送を聞いていると，放送局から遠くなるにつれ信号が雑音に隠れて受信しにくくなる．電波で届く信号強度をキロメートルのオーダで測定すると，大局的に距離のほぼ 2 乗に反比例して減衰するのに加え，大地に反射した信号との干渉が起きて信号波の強弱が生じるためである．また放送局が近くても高層建築物に囲まれたような首都圏の通りを走っているときにも信号強度は大きく変化する．これは建物による**電波の回折**現象によるもので，放送局側にあって放送電波を遮る建築物の高さに比例して信号の減衰が大きくなるためであり，10 メートル程度のオーダで変化し，空き地や建物が低くなると信号は強くなる．

詳細にセンチメートルオーダで調べてみると，放送局からの信号波は放送局側にある建物の影響だけでなく，周りにある建物や他の移動車両等に反射したり，透過したいろいろな信号波の重ね合せとして受信された結果，その信号波の波長（FM 放送の場合には約 3 m）の半分程度の距離で，多数の信号波が干渉して激しく振動している．このように信号波が干渉して強度変化が起きることを**フェージング**(fading)と呼ぶ．さらに細かく測定すると，信号雑音の影響も分離して観測できるかもしれない．放送局からの距離 r を測定しながら信号波を測定すると，どの程度細かく（あるいは粗く）結果を取得していくかによって観測できる現象が異なる例である．電波の伝搬は複雑である．

同様な現象は FM 放送に近い周波数帯を使っている携帯電話の通信信号でも生じる[22]．

(4) フーリエ級数展開の利用　二つ以上の現象が重なることによって測定値が複雑な振動をしているとき，前述の移動平均による現象の分離のほかに**フーリエ級数展開**（Fourier series expansion）を利用する方法もある．

求めた測定値をその測定区間 $2T$ を周期とする連続な周期関数 $f(t)$ とみなす．すると周期関数 $f(t)$ はフーリエ級数展開により，その周期 $2T$ を基本周期とする三角関数で展開できて[19)]

$$f(t) = \frac{A_0}{2} + \sum_{n=1}^{\infty}\left[A_n\cos\left(\frac{n\pi t}{T}\right) + B_n\sin\left(\frac{n\pi t}{T}\right)\right] \quad (5.15)$$

となる[†1]．ここで展開係数 A_n, B_n はそれぞれ

$$A_n = \frac{1}{T}\int_0^{2T} f(t)\cos\left(\frac{n\pi t}{T}\right)dt, \quad (n = 0, 1, \cdots) \quad (5.16)$$

$$B_n = \frac{1}{T}\int_0^{2T} f(t)\sin\left(\frac{n\pi t}{T}\right)dt, \quad (n = 1, \cdots) \quad (5.17)$$

で与えられる．これらの係数を求めて，その中で絶対値の大きな値をもつものが，元の関数 $f(t)$ の主なる形を決め，係数 n の大きな成分が細かい振動成分，いわゆる**高調波**成分を示している．この高調波は，最初に決めた区間 T の n 分の 1 の周期をもつ振動関数であるから，最初の区間 T を変えると，高調波の振動関数の周期も変わる．したがって，最初の区間 T のとりかたを少し変化させても，高調波の振動周期が変化しないか確かめる必要がある．

係数を求める前述の積分処理 (5.16), (5.17) を計算機で短時間で処理する**高速フーリエ変換**（**FFT**）[†2] アルゴリズムも考案されており，詳しくは数値計算の教科書を参考にしてほしい．

[†1]　数学的にフーリエ級数展開が可能となるためには，その周期関数がその区間で区分的に連続などの条件が必要である．実際の測定値はこうした条件を満足していることが多いので，まずは適用してみてうまくいきそうなら，あとからしっかり条件を満足しているかを調べるほうがよい．また定めた区間を周期とみなす周期関数を作るとき，区間端を接続したときに不連続が生じないようにしたほうが求めた展開の**収束**が早くなる．これは定めた区間を周期の半分と考え，もう半分は軸対称の測定値を加えて作った関数を級数展開することで達成できる[19)]．

[†2]　FFT とは Fast Fourier Transform の省略形である．

5.2　計算結果のまとめかた

研究で得られた成果が理論的な式の導出であるときはもちろんのこと，成果が実験的データであっても，その結果の妥当性を示すために理論式の結果と比較したりするときには，その解析的に与えられた式を数値計算してグラフに示すことはよくあることである．ここではこうした計算結果をまとめるときに注意することについて考えよう．

5.2.1　演算精度と有効数字

与えた理論式を数値計算するときには，その式のもつ特異性に注意しなければならない．例えば簡単な例として関数

$$f(x) = \frac{\sin(x)}{x} \tag{5.18}$$

を考えよう．この関数は $x=0$ で分母分子がゼロとなるから，結果として不定となり，値を計算することができない特異性をもっている．しかし簡単な極限操作により $x=0$ における極限：

$$\lim_{x \to 0} f(x) = \lim_{x \to 0} \frac{\sin(x)}{x} = 1 \tag{5.19}$$

は存在することがわかるので[†]，もし $x=0$ での値をその極限値と選べば特異性がはなくなり滑らかな関数となる．

こうした関数の特性をよく調べないでそのまま数値計算すると，例えばFortranプログラムで計算すると $x=0$ で'ゼロで割っている'というエラーメッセージが出てプログラムが停止する．そればかりでなく，$x=0$ の近くでは分母分子の値がそれぞれゼロに近い小さな数になり，その割り算の結果が桁落ちによって図 **5.7** のように精度が落ちてしまうことがある．この場合には分母分子の変数の有効桁を増やすか，$x=0$ の近くで関数のマクローリン展開を利用して別

[†] こうした特異性をもつ点を**除去可能な特異点**という[19]．

の近似式：

$$f(x) = \sum_{n=0}^{\infty} \frac{(-1)^n}{(2n+1)!} x^{2n}$$
$$\approx 1 - \frac{x^2}{6} + \frac{x^4}{120} - \cdots \tag{5.20}$$

を使って計算することもできる．

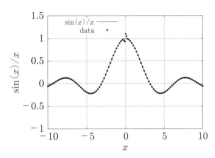

図 **5.7** 数値計算時の桁落ちの誤差

このように割り算がかかわる計算や関数が含まれる計算のときは，関数の性質をよく調べることと数値計算の有効数字に気をつける必要がある[†]．逆にエラーメッセージから，そのままでは数値計算に適さない特性を見つけて新たな理論計算式の性質をさらに深く調べる必要性を見つけるかもしれない．

5.2.2 標本点数に気をつける

（1）粗い標本　　実験で得られた測定値等をグラフに表すときには，それらの点をプロットするだけで線で結ばないほうがよいと書いた．あらかじめ理論値がわかっている場合には，いくらでも細かく点間を計算できるので，滑らかな曲線を描くことができる利点がある．それを省いて粗い標本点をとると，グラフの形が変わり大きな間違いをすることがある．

正弦関数 $\sin x$ はよく知られているように周期 2π をもつ滑らかに変化する周期関数である．この関数を区間 $[-2\pi, 2\pi]$ で少ない標本点を結んで表すことにする．$\sin x$ は $x = n\pi$ でゼロになるから，もし区間 $[-2\pi, 2\pi]$ を等間隔でサンプルすると，4分割（すなわち5点での近似）まではいつも標本値はゼロであり，この5点近似の曲線は x 軸上の直線となり，これでは正弦波とはまったく異なる．図 **5.8** は等 n 分割した標本点で表した正弦関数を表している．これを見て明らかなように，周期的に変化する関数を表すには，その関数の周期の最低4分割，この例でいうと $n = 8$ は必要であり，滑らかさを表すにはその4倍

[†] なお最近の計算プログラムはこうした桁落ちを自動的に防いでくれるようなものも作られているが，事前に解析的な性質を調べておくことは重要である．

78   5. 実験結果や計算結果のまとめかた

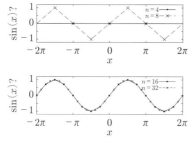

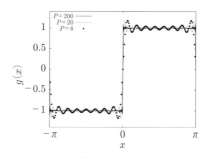

図 5.8 標本点を変えた正弦関数   図 5.9 方形波のフーリエ級数展開

の $n = 32$ は必要であることがわかる．この結果はたまたま周期的にゼロとなる周期関数を等分した極端な例であるが，標本点のとりかたを間違えると予想とまったく異なる形のグラフができるので，注意が必要である．

（２） 無限級数の収束　　数学的な解析理論式が無限大までの項の足し算で表された級数表示の例を考えよう．図 5.9 に示すように，2π の周期関数で半周期ずつ ± 1 を繰り返す**方形波パルス列** $g(x)$ のフーリエ級数展開を考えよう[†]．図 5.9 のように原点をとれば，パルス列 $g(x)$ は奇関数の周期関数となり，正弦波の重ね合せで表すことができて[19]

$$g(x) = \sum_{p=1}^{\infty} A_p \sin(2p-1)x = \frac{4}{\pi} \sum_{p=1}^{\infty} \frac{1}{(2p-1)} \sin(2p-1)x \quad (5.21)$$

となる．この級数を数値計算するときに考えなくてはいけないのは，ある変数 x に対して理論的には無限項の足し算が必要であることである．計算機では通常，無限大までの計算をすることはできないので，無限級数をどこかで打ち切る必要がある．それぞれの項は正弦波で正負と振動するが $\sin(2p-1)x$ の絶対値は $|\sin(2p-1)x| \leq 1$ であるから，各正弦波の重みを与える展開係数 A_p の大きさを考えてどこで打ち切るかを決める．

式 (5.21) を P 項で打ち切ったときの様子を図 5.9 に示す．P を大きくするとしだいに $g(x)$ に近づいていく様子がわかる．$x = -\pi, 0, \pi$ における不連続部では級数の収束が非常に悪く，細かな振動を繰り返していることがわかる．図

[†] ここで必要なのは，最後の級数表示の結果であるので，フーリエ級数をまだ学習していない人は最後の結果の式 (5.21) だけに注目してもらえばよい．

5.8 で調べたように，こうした細かい振動を正しくグラフに書くためには，標本点を十分たくさんとる必要がある．一般に，フーリエ級数を P 部分和で打ち切って計算すると，P をどれだけ大きく選んでも不連続部において，不連続部の高さの 2 割ぐらいの突起を伴うことが知られている．こうした現象を**ギブスの現象**（Gibbs' phenomenon）という．

（3）デシベル表示 電気系の測定では電力に関する量 W を表示するとき $10\log_{10} W$ をとってデシベル〔dB〕という単位で表示することがある[†]．

図 5.10 は $W = \sin^2 x$ として区間 $[-2\pi, 2\pi]$ の範囲でデシベル表示した結果である．n を整数として $x = n\pi$ で $\sin x$ はゼロになり，その前後で符号が変わるので，$\sin^2 x$ は対数をとると $x = n\pi$ 近くで急峻なスパイク状の変化をする．したがってこの付近の変化を正しく表すには標本点を

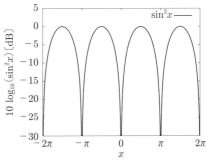

図 5.10 $\sin^2 x$ の dB 表示

細かくとる必要がある．もちろんゼロの対数はとれないので，$x = n\pi$ 近くの $\sin x$ の値を計算して得た非常に小さな値をプロットするときも注意が必要である．

5.2.3 グラフにメリハリをつける

グラフを描くときは 1 本だけを描くのではなく，測定値や別解法による結果との比較のために，2, 3 本描かれることが多い．あまりたくさんのグラフを一つの図に載せるとわかりにくくなるので，複数本描くときには線種を変えるなどしてそれらの違いがわかるようにしなければならない．発表資料にはカラーグラフも有効であるが，白黒の印刷をしてもそれらの違いがわかるように，カラーにするとともに線種も変えるほうがよい．また青色や緑色は濃い色を使わ

[†] デシベルの単位については 4 章の 41 ページを参照．

ないと白黒の印刷や複写で鮮明に写らない．

　最初に自分が得た一番重要と思われるグラフを実線で，比較のための結果等は破線や鎖線とする．また測定データはよほど詳細なデータがない限り点表示が望ましく，点間は線で結ばないほうがよいのは前に述べたとおりである．

　例えば2本のグラフがよく一致していることを示したいのなら，わずかな違いがわかりやすいように細めの線で軸の目盛を拡大して違いを示すように，また大きな違いがあるが傾向があっていることを示したいのなら，全体の変化の様子が変わるように軸の目盛を工夫する．縦横軸には軸名となる変数あるいは対応する物理量を単位とともに記入し，目安となる刻みに数値を記入する．たくさんの刻みに数値を入れると重なって見にくくなるので，必要最低限度のものにとどめたい．

コーヒーブレイク

長さいろいろ（II）　　(58ページから続く)

　SI単位系の長さの単位であるメートルは何を基に決められたか？
　メートルも，もともとは地球の大きさにかかわる量で，地球の北極点から赤道までの地表に沿った距離の1 000万分の1として決められた．すなわち地球の1周は4万キロメートルとなる．
　メートル（フランス語でmètre）という語は，「計測器」，「測る」を意味するギリシャ語 $\mu\epsilon\tau\rho o\nu$（メトロン）から作られた造語である．その後，1 mを定めたメートル原器ができて，それは1879年にフランスの国際度量衡局に保管され，それを基に各国の原器が作られた．日本は1885年にメートル条約に加入し，1890年に日本の長さの単位である日本国メートル原器が中央度量衡器検定所（現・産業技術総合研究所）に保管され，1960年まで使われた．
　1960年の第11回国際度量衡総会（CGPM）でメートル原器を長さの基準とすることをやめ，普遍的な物理現象による長さによる定義に改められ，クリプトン86元素が一定条件下で発する橙色の光の真空中波長で定義された．さらに1983年に光が299 792 458分の1秒で真空中を進む距離と改正された．
　それにしてもインチにしろフィートにしろ，昔の人は体が大きかったのだろうか？

6 論文の組立て

前章で調べたように，研究論文のネタとなるような論文の新しい実験データや理論数値計算結果が得られ，いよいよ論文原稿の執筆に取りかかることになる．ここではその論文の組立てについて考えよう．

6.1 論文の構成

最初に研究論文の構成について調べよう．論文構成は研究分野によって多少異なるかもしれないが，大体図 **6.1** のようになっている．自分の研究分野の代表的な学術論文誌を開いて調べてみよう．通常数ページの論文をここでは1ページにまとめているが，項目の順番に注目してほしい．印刷用紙のサイズが B5 判かそれよりも小さい場合には図 6.1(a) のように1段組が一般的である．そして A4 判（またはレターサイズ）の場合には図 6.1(b) のように最初の論文タイトルと著者，所属欄以外は2段組としていることが多い．これは段落のための改行や数式，図，表の左右の空きが大きくならないためである．ほとんどの数式，図，表は2段組のそれぞれの段に入るように調整するが，非常に長い数式や大きな図，表は2段分を使ったものもある．しかし2段分を使った数式等をページの途中に入れると非常に読みにくいので避ける．

各項目に具体的に書かれている内容を確かめよう．

（**1**）**論文概要**　　その論文の内容を簡潔に 200 字程度でまとめたもの．**論文概要**（abstract）は学術誌によっては「アブストラクト」，「あらまし」，「論文要約」，「論文梗概」等と呼ばれたりする．概要の最後に検索用の**キーワード**を

82　　6. 論文の組立て

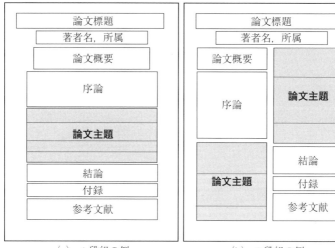

(a) 1段組の例　　　(b) 2段組の例

図 **6.1**　研究論文の構成

5個程度付けることが多い．有料購読の学術誌であっても，論文概要はデータベースに登録されており無料で見ることができる．したがって検索者に論文の内容をうまく伝えられるように記述する必要がある．

（**2**）**序　　論**　研究の導入部分にあたる**序論**（introduction）は「緒論」，「緒言」，「まえがき」，「はじめに」とも呼ばれる．この論文の 学術的な位置付け ， 研究の動機 ， 過去の関連ある研究とのつながり ，この論文の 主題の概要 から 結論 ，そして 論文の構成 等を記述する．

（**3**）**論文主題の展開**　論文で一番大切な部分であり，論文主題部分は通常数項目に分けて記述される．論文が実験的なもの，あるいは理論的なものによって構成が異なる．次節でもう少し詳しく説明する．

（**4**）**結　　論**　この論文で得られた成果をまとめた**結論**（conclusion）は「結言」，「あとがき」，「まとめ」，「むすび」とも呼ばれる．**表6.1**に序論と結論といった論文で一般的に使われる対応項目名を示す．論文に書かれている内容を簡潔にまとめ， 今後，この研究がどのように展開するかという方向性や拡張性 についてふれる．

表 6.1 論文主題の前後の一般的な対応項目名

論文主題の前	↔	論文主題の後
序論, 緒論	↔	結論
緒言	↔	結言
まえがき	↔	あとがき
はじめに	↔	おわりに, むすび
プロローグ	↔	エピローグ
Introduction	↔	Conclusion
Prologue, Prolog	↔	Epilogue, Epilog

（5）付録　論文主題の展開部分の中では，あまりにも長くなるので省いてしまった詳細な式の導出等を記載する**付録**（appendix）と呼ばれる部分を付けることがある．またこの論文の基になった研究に対する研究費等を援助してくれた支援団体・助成金名や，論文の共同執筆者としては名前は入っていないが，論文を作成するにあたりアドバイスや支援をしてくれた個人等に謝意を表す**謝辞**（acknowledgment）を記載することもある．なお論文誌によっては，付録は参考文献のあとに，また謝辞は別項目として扱ったり，1ページ目の脚注に置く場合もある．

（6）参考文献　この論文に関係が深く，論文中に引用した**参考文献**（reference）を列挙する．

6.2　論文主題とその構成

今からまとめようとしている文書または論文は，どのような性格をもつものかによって，前節で述べた（3）にあたるその論文の主題の展開部分の構成は異なる．代表的なものについて考えよう．

（1）実験報告，物理化学の法則の証明（実験が主となる論文）　新しく行った測定・製作実験の結果について，実験方法や実験データをまとめ，得られた測定値の誤差評価や予測された理論や法則に基づいた結果と比較したりして，実験手法や実験の精度について議論する．高専や理工系の大学の実験科目である物理・化学実験を受講したときの報告書もこの部類に入る．

「問題の提起」,「実験装置の説明」,「予測される理論の概要や説明」,「実験方法」,理論予想との比較による「実験結果の考察」等の項目に分けて記述される.

(2) 理論や解析手法の提案（理論が主となる論文）　　物理化学現象やすでに得られている実験データを説明できる新しい理論や解析手法を提案する.提案した理論や解析手法に基づき具体例を数値計算し，その結果と実験値，あるいは今までに知られている別解析手法による計算結果と比較，検討することにより，提案手法のその有効性や妥当性を示す.理論的論文としているが，有効性等を示すための実験データ等がなければ，自ら実験も行ってデータをとる必要も出てくる.

「問題の提起・設定」,「理論の定式化」,「数値計算結果と比較考察」等の項目に分けて記述される.

(3) 定理の証明や新しい理論の確立（純粋理論的な論文）　　今まで証明されていなかった定理の数学的な証明や別解法，あるいは物理化学の基礎理論を提案する.ほとんど図と数式のみで記述される.前述の(2)よりもより理論的で，数学科や物理，化学科で研究されている数学的あるいは理論物理・化学的な研究論文はこの部類に入ることが多い.前提となる仮定，仮説，条件等を明示し，定理や理論へと導く.

「問題の提起・設定，仮定」,「証明」等の項目に分けて記述される.

IMRAD 形式

自然科学，工学系の分野の論文の形式として欧米では IMRAD（イムラッド）と呼ばれる形式を使うことが多いといわれている. IMRAD は Introduction, Methods, Results And Discussion の略である. 前述の項目と対応させてみると，introduction はまさしく序論とそのあとに続く論文主題のうちの問題の提起・設定に対応し，methods（研究方法）は論文主題のうちの研究に用いられた手法，問題設定の説明等に対応し，results（研究結果）は文字どおり研究で得られた成果・結果を示し，最後の discussion（考察）は論文主題の結論に相当している.

自分の研究に使用した参考文献を例にしてどの部分が何に相当するか，調べてみるとよい．

6.3 草稿を作る

6.3.1 まずは手書きで

最初に草稿（ドラフト）を作る．最終的な論文原稿はワープロ等の文書作成ソフトを使ってパソコンで仕上げる場合が多いと思われるが，高専，大学の理工系学科の実験科目の実験報告書は，手書きで記述して提出を義務付けられているかもしれない．いずれにしても最初からパソコンに向かって原稿を作成するのではなく，まずは紙に手で書いたほうがよい．その理由は以下のとおりである．

- 文章を考えながらパソコンにタイプすると時間がかかり，時間（と電力）の浪費である．
- パソコンのディスプレイでは，スクロールしても1画面分しか見られないので，その文章の前後や全体の流れをつかみにくい．
- 草稿を作る最初の段階では，推敲によって文章の変更，挿入，削除，入れ替え等が多く，まとまるまでは経過が残る紙[†1]のほうが便利である．

6.3.2 起承転結を考える

作文技法として**起承転結**という言葉を聞いたことがあるかもしれない[†2]．もともとは中国の漢詩の絶句の構成のことを指し，四つの部分に分けた句のうち順番に起句，承句，転句，結句といい，文学作品をはじめとした4段構成の変化を表す言葉としてしばしば使われる．同様な言葉に**序破急**というのもあるが，本来は雅楽の曲の調子の変化が3段構成になっていることを示している．

[†1] 鉛筆書きでも消しゴムで消さないで，あとの見直しで何が消されたかわかるように訂正線で消しておくとよい．
[†2] 中国では**起承転合**というのが正しいらしい．

これらの考えかたを科学技術論文に当てはめることに，異論があるかもしれないが，例えば「起」は問題・実験の設定する部分を，「承」はその問題を解き始めたり，実験を準備したりする部分を，「転」は求めた結果を比較したり，多面的に考察する部分を，そして「結」は最終的に求まった結果を示す部分をそれぞれ表していると考えれば，論文全体として起承転結になっているとも考えられる．また各項目，例えば論文概要の中でも，起承転結があると考えることができる．起承転結で考えても，あるいは序破急で考えても，大切なのは論文を書く際には<u>文章の流れ</u>を大切にして，メリハリをつけて書くことである．

6.3.3　論文主題部分をまず作る

　最終的な論文の形が論文概要から始まっているからといって，草稿も概要から作る必要はない．特にパソコンで作成する場合には，項目だけ作っておいて，重要は部分から作成すればよい．「論文概要」，「序論」，「結論」の部分には，この論文で得られた成果を入れる関係で，論文主題となる部分がしっかりできていないと書けないのである．したがって最初に「論文主題」の部分から作成する．

　6.2節で述べたように，論文主題の構成のうち，実験系であれば「問題の提起」，「実験装置の説明」，「予測される理論の概要や説明」，「実験方法」等の部分，理論系であれば「問題の提起・設定」，「理論の定式化」等の部分は，すでに発表されている同種の論文を引用してそれらを参考にしながら記述する．以前の論文と同じ部分，例えば実験装置や実験方法，問題の設定が同じであれば，その論文を引用してできるだけ簡潔にまとめ，どこまでが引用論文と同じでどこからが異なるのか，この論文のオリジナリティが何であるかがわかるように説明する．以前の論文と同じ内容を<u>引用なし</u>で説明すると，査読者に新規性がないと判断され論文の価値を認めてもらえない．つぎに最も重要な論文主題の結論に導く「結果の考察」部分を書く．

　書きたい内容をまず箇条書きで　論文主題の部分を作成する際も最終結論から逆に何が必要かをたどっていくとよい．すなわち論文の記述してある順と逆に必要なものが何かをそろえていく．最初から連続した文章にしなくても，

箇条書きやメモ書きで論理的なつながりを作っていく．

1. この論文で得られた成果として，何を示したいのか？ どんな結果が得られたのか？ 一番書きたい内容「論文主題の結論」をはっきりさせる．
2. その内容が正しいことを示すために必要な根拠となる証拠，データを示した図表等を用意する．普通は一つの証拠ではなく，複数用意し，それぞれの証拠から得られる「考察」を考える．それらの図表から誰が見ても無理なく結論が導かれるかを再度考える．必要に応じて見やすいように図表の作り直しをする．
3. 理論的な式の展開は最後の結論まで，無理はないか？ 矛盾していないか？ 条件は抜けていないか？
4. 最終結論に至るまでの式の展開はどこまで必要か？ 詳しい展開や証明が必要なら本文に入れないで，付録に回す．
5. 式の展開が等号を三つも四つも重ねて続くのはよくない．適当に文章を挟み，重要な式にはできるだけ物理的な意味を入れておく．

こうして箇条書きで組み立てた「論文主題の結論」に至る根拠を重ねて説明し，自分の導いた結論が正しいことを示す．この考察部分は誰が判断しても論理的に矛盾なく同じ結論になるように書く必要がある．

6.3.4 結論を作る

結論にはこの論文で取り扱った論文の主題について，どんな問題をどのような条件で解き（または測定し），どのような結論を得たのかを簡潔に述べる．つぎにここで得られた結論が今後どのように役立つのか，またどのように発展，拡張されていくのか，この論文では取り扱えなかったが，今後研究を進めるべき研究課題は何か等を予想を含めて記述する．

科学論文の場合にはその論文で何がどこまでわかったのか明示されていれば，すべての場合にあてはまるような万能の結果である必要はない．もちろんその論文の主題が以前の論文等から容易に推測できるような結果では，新規性が十分でないので，独立な一つの論文としてみなすことができないといわれる可能

性がある.

6.3.5 序論を作る

序論はこの研究に至った背景や動機，研究の流れ，結果の概要等を説明する．最初は箇条書きでよいので，以下の内容が正確に説明されているかチェックする．

（1） **研究の背景・動機**　この研究を行った社会的な背景や研究動機が何かを説明する．社会的に今何が問題になっていて，この論文で扱う内容は何に関連しているのか？　この問題が解決する，あるいは実験結果が正しいと示されると一般社会，あるいは学術的にどのように貢献できるのか？（この問いは特に工学的な技術論文では重要と思う.）

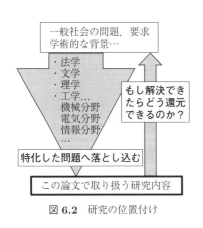

図 6.2　研究の位置付け

書こうとする論文の内容は，一般社会全体，あるいは学術的に大きな影響を及ぼすような研究ではなく，かなり専門に特化した問題を対象として扱い，それを解決しているものであるのが普通である．それでもこうした研究が積み重なると，最後にはいかに社会に貢献できるか説明することで図 6.2 のように，自分の行っている研究の必要性にうまく絞り込んでいくように書けるとよい．

（2） **論文の学術的な位置付け**　前述した研究背景，動機を受けてこの論文ではどのような分野のどのような研究をしたのか？　何を示そうとしているのか？　を記述する．

（3） **過去の関連研究の紹介**　この論文の研究内容に近い，同種の研究を行った過去の論文について，古いものから最近のものの順に文献を引用しながら紹介する．そのときそれらの論文で扱っている範囲や手法の違い，その論文の結論等がわかるように説明する．あまりたくさんの文献を引用して説明する必要はないが，過去の研究として重要なものを引用する．自分の関連するグルー

プの研究論文の引用だけでなく，他の研究者のものも含める．

ここで3章で説明した文献調査がしっかり行われているかが試される．十分な調査が行われていないと，同じ結果がすでに発表されていることに気がつかないかもしれない．

（4） **本論文の主題の説明**　つぎに前述した今までの研究を受けて，この論文で取り扱う内容（本論文の主題）を具体的に記述する．例えば，どの範囲の問題をどのように解決できたとか，どのくらいの精度で測定できたとか，主題の結論も入れる．

（5） **論文の構成**　通常，序論の最後は以下に続く，次節以降の題目とその内容を簡単に説明する．短い論文の場合にはこの部分は省略されることもある．

以上のような内容が一つの流れになって，よどみなく文章が流れるようにうまくつなぎ合わせる．

6.3.6　論文標題を確定する

結論までできたところで，論文標題を考える．もちろん研究を開始し研究成果が出て，論文の草稿を書く段階ではすでに標題が仮であったとしても決まっていたかもしれない．しかし結論まで書いたところで再度自分が考えていた標題が，自分が書こうとしているこの論文の主題を表現できているのかを見直す．この論文で扱った問題の範囲や求まった結果の範囲に関連して，条件をすべてわかるようにと標題にそれらを長々と入れる必要はないが，あまり短すぎるのもよくない．標題は通常大きめのフォントサイズで表示するが，1行に収まるくらいで作るのがよく，長くても2行くらいに収める．場合によっては副題を付ける場合もある．

6.3.7　論文概要を作る

最後に論文概要を考える．前述したように，論文概要はデータベース等に登録して検索に用いられるから，その論文の内容を端的に表すものでなくてはならない．序論に書いたような過去の研究との関連や研究背景，結論に書いた今

後の研究の方向，検討課題は入れる必要はなく，この論文の主題をまとめる．論文誌によっては字数制限があったりするので，この研究のキーワードとなる用語を選び，主題の結論として得られた結果が含まれるように工夫する．

6.3.8　参考文献を整理する

通常は序論の文頭から初出順に番号を付け，必要と感じた読者がその文献を自分で検索できるように著者名や書誌情報を記載する（記載のしかたは4.4節を参照）．推敲の過程で文章の順番が変わると，引用順もその影響を受けて変わる可能性があるので，最後にそろえるほうがよい．

6.4　英文の注意

日本語で論文を書くとしても最近は論文標題や著者情報，論文概要，そして図表の説明には英文も併記することが多くなっている．日本の技術レベルの高さから，日本語で書かれた論文も世界的に注目されていることが多く，日本語を理解しない研究者にも英語を併記することによって，その論文の概要がわかるようにしている．もちろん国際会議や国際的な学会に論文を投稿するときには，論文すべてを英語で書かなければならない．英語の文法と単語のスペルミスに注意し，日本語からの直訳にならないように気をつける．いくら論文の内容がよくても文法ミスやスペルミスがあまりにも多いと，それを理由に論文の受理を拒否されることがある．

論文の基本的な書きかたは，日本語であっても外国語であっても同じである．本節では，タイトルや論文概要等を英語で書く場合の最低限知っているといいポイントを示す．

6.4.1　イギリス英語とアメリカ英語の違い

英語といっても，今や世界中で使われているので，その場所によっても少しずつ違いがある．代表的な英語となるのは，現在使われている**イギリス英語とア**

メリカ英語である．言語学者によると，もともとアメリカ大陸に英語が伝わった古い英語がそのまま残っていわゆるアメリカ英語となり，今イギリスで使われている英語のほうが，新しく変化したものといわれている．

論文を書くときに両者の違いが現れるのは，単語のつづりかたの違い，単語の意味の違い，文法的な違いである．詳しくは英語の辞書や参考書を見てほしい．基本的にはどちらの英語を使ってもよいが，両者をミックスしてはいけないということである．

英文で表記するとき，イギリス英語圏では Hart's Rules と呼ばれたものを基としてオックスフォード大学出版局がまとめた通称**オックスフォードルール**[23]，またアメリカ英語圏ではシカゴ大学出版局がまとめた Chicago Manual of Style，通称**シカゴルール**[24]と呼ばれる表記則が標準とされている．両方のルールとも，改版に伴って標準的な表記法が変化している．代表的な違いを表 **6.2** に示す．詳しくは文献[23],[24]を参考にしてほしい．英語を母国語としない我々にとっては，その微妙な違いを理解することは難しいところもあるが，どちらかに統一して記述すればよい．またつづりの違いでは

単語中の [英:our]↔[米:or] について：

colour ↔ color, behaviour ↔ behavior, honour ↔ honor, favourite ↔ fa-

表 **6.2** オックスフォードルールとシカゴルールの違いの抜粋

	（英）オックスフォードルール	（米）シカゴルール
西　暦	800BC 65–8BC 206BC–AD220 AD2017, 2017	800 BC（800 B.C.） 65 – 8 BC（65 – 8 B.C.） 206 BC – AD 220 　　（206 B.C. – A.D. 220） AD 2017, 2017（A.D. 2017）
時間表記 （24 時制）	9:30（9.30） 22:15（22.15）	09:30（0930） 22:15（2215）
時間表記 （12 時制）	11.30am 4.30pm 9.00am → 9am	11:30 a.m.（11:30 A.M.） 4:30 p.m.（4:30 P.M.）
備　考	基本的に数字と記号の間にスペースを空けない．	数字と記号の間にスペースを空ける．

注）（括弧内）は旧版で推奨されていたもの．

vorite 等の違い.

単語の語尾の [英:re]↔[米:er] について：

metre ↔ meter, centre ↔ center, littre ↔ litter, spectre ↔ specter 等の違い.

単語中の [英:ll]↔[米:l] について：

modelling ↔ modeling, travelling ↔ traveling, cancelling ↔ canceling 等の違い.

単語の語尾の [英:se]↔[米:ze] について：

analyse ↔ analyze, memorise ↔ memorize, organise ↔ organize, realise ↔ realize 等の違い.

アメリカ英語では単語中の 'e' がなくなる場合：

likeable ↔ likable, ageing ↔ aging 等の違い.

ただし例外もあるので，使う前に辞書で調べること．

　最近のワープロソフトのスペルチェッカはイギリス英語とアメリカ英語を指定してチェックすることもできるようなので，そうしたソフトも利用するとよい．

　英文の引用符には'シングルクォート'と"ダブルクォート"があるが，イギリス式ではシングルクォートを，アメリカ式ではダブルクォートを用いることが多く，引用の中で再度引用するときに，区別するために異なる引用符を用いる．

　引用符が文末にあるとき，イギリス式では引用符のあとにピリオドを，アメリカ式ではピリオドのあとに引用符を付けることが多い[†]．

6.4.2　書　　　　式

　論文標題は，和英ともに中央ぞろえで書くが，英語の標題はそれぞれの単語の頭文字を大文字にして表記する．ただし冠詞等の短い単語：'a', 'an', 'and', 'as', 'at', 'by', 'for', 'from', 'if', 'in', 'into', 'on', 'or', 'of', 'the', 'to', 'with' 等は<u>文頭以外では小文字</u>で示すことが多い．

[†] 4.4 節の転載と参考文献の引用を参照．

図番号や式番号は文頭以外では省略形を使うことが多い[†]．このとき複数形の省略形もあることに注意する．ただし表番号については省略形を使わないことが多い．

〈例〉 式 (3.1) ⇒ Eq. (3.1)　　式 (3.2), (3.3) ⇒ Eqs.(3.2), (3.3) …
〈例〉 図 4.4 ⇒ Fig. 4.4　　図 4.5, 4.6 ⇒ Figs. 4.5, 4.6 …
〈例〉 表 5.7 ⇒ Table 5.7　　表 5.8, 5.9 ⇒ Tables 5.8, 5.9 …

6.5　原稿を整える

論文のすべての項目がそろい，最終的な形を整える段階に入る．

6.5.1　流れを大切に

全体を通して文章を考えるとき，流れが大切である．記号を統一し，語調を整える．それぞれの文章のつながりが滑らかになるように接続詞を選ぶ．

内容が異なれば，改行して一字あけて新しい段落とする．同じ段落の中で前の文章とつぎの文章の関係がどのようになっているのかによって，文章間に接続詞を入れる．例えば順接なのか，逆接なのか，要約なのか，また例なのか，などを考えてそれにふさわしい接続詞でつなぐ．同じ接続詞を繰り返さないように工夫する．

6.5.2　正しい用語

4章で述べたように，正しい用語を使う．日頃自分の思い込みで使っている専門用語や実験器具の名称が正式なものでないことがある．特に器具名称は一般名称でなく，ある会社の商品登録された特別な名称の場合もあるので気をつける．

省略形の用語が一般になっている場合にも，最初に出てきたところで必ず正式名称を入れる．通常，概要に正式名称を入れても，本文内でも再度正式名称

[†] 式番号については (3.1) のように単に括弧付きの番号だけで表すこともある．

を入れたうえで，それ以降は省略形を使うほうがよい．

6.5.3 断定表現を使う

日本では得られた結論等を発表するときに，「…と思われる」，「…と推察される」といった謙虚な表現を使うことが多い．しかし技術文書の場合には，測定実験や理論計算に基づいた結果を報告するわけであるから，その結果から導き出せる結論に対して，あまり自信のない考察や結論を書くことはよくない．したがって断定できる部分に対しては自信をもって断定表現を使う．

6.5.4 できるだけ定量的な評価を

実験結果や数値計算結果を用いて考察するとき，定性的な表現ではなく，できるだけ定量的に表現する．

> **例 6.1（よくない表現）** 本実験で得られた測定値は，理論で求められた結果と概（おおむ）ねよい一致を確認した．

例 6.1 のように「概ね」や「よい一致」といういいかたは，一致がどの程度であるのかわからない．できるだけ数値を使って定量的に表す．

> **例 6.2（望ましい表現）** 本実験で得られた測定値は，理論で求められた結果と 2％以内の誤差となった．別の実験方法で得られたときの測定値の誤差が 6％以内であったことから，本実験方法は他の測定方法に比べて，より精度の高い測定方法である．

6.5.5 正確な記述

論文では正確な記述が望まれるのはもちろんである．特に結果の考察には注意が必要である．

（1） **百分率の差**　ときどき**百分率の差**の議論をするときに間違った記述がされることがある．つぎの例を考えよう．

> **例 6.3（間違った記述）** ある事象の出現率が 60 % から 10 % 上昇して 70 % になった．

これは間違いである．なぜなら 60 % の 10 % は $0.60 \times 0.10 = 0.06$ であるから，$0.60 + 0.60 \times 0.10 = 0.66$ すなわち 66 % となる．正しくは**ポイント**（または**パーセントポイント**）という用語を使う．

> **例 6.4（正しい記述）** ある事象の出現率が 60 % から 10 <u>ポイント</u>（または <u>パーセントポイント</u>）上昇して 70 % になった．

（2） デシベル表記 電気電子の分野では，電力比の表現としてデシベル単位〔dB〕をよく使う（4.2.2 項を参照）．基準として 1 W を用いた場合に 100 W は 100 倍の違い，すなわち $10\log_{10}(100/1) = 10\log_{10} 100 = 20$ から 20 dB となる．このとき基準となる単位が何であるかわかるように 20 dBW と書くこともある．ベルの単位は 10 の指数乗の違いに相当するから，かなり大きな違いとなっている．例えば 2 倍の違いが $10\log_{10} 2 = 3.010 \approx 3$ dB，10 倍が 10 dB，半分が -3 dB，10 分の 1 が -10 dB と値こそ小さそうにみえるが，かなり大きな違いであることに注意が必要である．

例えば入力端の信号（電力）に比べて，出力端における信号（電力）がどのような大きさになっているかを示す入出力電力比の絶対値を**増幅率**あるいは**利得**（**gain**）という[†]．あるシステム内にある増幅回路，伝送中における減衰や接続コネクタによる減衰を含めた最終的に一つの入出回路と統合的に見た場合の利得 X は，それぞれ個々の素子部における利得 $X_1, X_2, X_3, \cdots$ の積として

$$X = X_1 \cdot X_2 \cdot X_3 \cdots \tag{6.1}$$

となる．上式の常用対数をとってデシベル表現で表すと

$$10\log_{10} X = 10\log_{10} X_1 + 10\log_{10} X_2 + 10\log_{10} X_3 + \cdots \tag{6.2}$$

$$X\,〔\mathrm{dB}〕 = X_1〔\mathrm{dB}〕 + X_2〔\mathrm{dB}〕 + X_3〔\mathrm{dB}〕 + \cdots \tag{6.3}$$

[†] 減衰や損失がある場合には，増幅率あるいは利得が 1 以下を考えればよい．

となり，それぞれのデシベル表示の利得の和で表現できる[†1]．式 (6.1) の積計算には計算機が必要であるが，デシベル表示の利得の計算式 (6.3) では，和計算であるので，計算機がなくても容易に推定できる利点があり，各素子の性能を表す指標としてデシベル表記がよく使われる[†2]．

> **例 6.5（デシベルを使った利得計算）** 利得 20 dB の増幅器に 1 m 当り 1.5 dB 減衰する伝送ケーブル 2 m を，損失 2 dB のコネクタを二つ使って接続したシステム全体の利得 X〔dB〕は
>
> $$X〔\mathrm{dB}〕 = 20〔\mathrm{dB}〕 - 1.5〔\mathrm{dB}〕 \times 2 - 2〔\mathrm{dB}〕 \times 2 = 13〔\mathrm{dB}〕 \quad (6.4)$$
>
> となる．

　分野によっては基準を何にとるかによってデシベルのあとに示す単位が異なる．例えば小信号出力の電子回路や電波の分野では，ワット〔W〕の単位では値が大きすぎるので，ミリワット〔mW〕の単位を用い 1 mW を基準としたデシベル表記 dBmW，略して dBm を使うし，またレーダ散乱断面積（RCS）の単位の基準として 1 m^2 を使ったデシベル表記 dBsm を使ったりする[†3]．43 ページの例 4.3 で示したように同じ記号の m でもミリとメートルの違いがあるように，分野によって異なる表記や記号が使われる．

　こうした dBW，dBmW，dBsm の単位でグラフに値をプロットしてその差を表現するとき，dB は対数をとっていることを考えれば，すぐわかるように単位はすべて dB となることがわかる．

> 〈例〉 5 dBW−2 dBW= 3 dB，　6 dBmW−10 dBmW= −4 dB，⋯
> 〈例〉 10 dBsm−3 dBsm= 7 dB．⋯

誤差の考察をするときに注意する．

[†1] 損失はデシベル表示では負の利得として表される．
[†2] 今から半世紀前まで計算機が容易に利用できなかった頃，桁数の多い数の積の計算には対数の和を使った方法で計算できるように多くの数表・公式集には常用対数表が含まれていることが多い．
[†3] sm は square metre（meter）の略．

6.6 何度も読み直しを

　最近の論文の投稿は，TeX やマイクロソフトワードで原稿を作成するためのスタイルファイルが公開されており，そのスタイルファイルを利用すると，あたかもその学術論文誌からコピーしてきたかのように美しく仕上がる．体裁が整って美しく仕上がると，うれしくなってついつい中身のチェックがおろそかになり，誤植やミスを見逃しやすい．できた原稿は一晩寝かせて，頭を冷やしてから，査読者や読者の立場になって再度客観的に見直す必要がある．

　論文はもし共著者と書いていれば，何度も共著者どうしで話し合い，次章の 7.2.4 項にある査読のポイントも参考にしながら，原稿を修正したうえで投稿するようにする．

♠　セルフチェックリスト
　最後の点検用に以下の点をもう一度注意してみよう．

- ☐ 投稿予定の学術論文誌の書式スタイルに一致しているか？ 学術論文誌の投稿要領を調べ，書式をもう一度チェックする（27 ページの 4 章全体参照）．
- ☐ 正しい漢字を使っているか？ パソコンのワープロソフトを使っているときには漢字の変換ミスはないか？（28 ページの 4.1.1 項参照）
- ☐ 送り仮名の付けかたは正しいか？（29 ページの 4.1.2 項参照）
- ☐ 形式名詞や補助動詞は平仮名で表記したか？（30 ページの 4.1.3 項参照）
- ☐ 句読点は統一したか？ ワープロソフトの検索機能で確かめる（32 ページの 4.1.4 項参照）．
- ☐ 変数や量記号は書体を変えて斜体にしたか？（34 ページの 4.1.6 項参照）
- ☐ 使っている用語は正しいか？ 略語は最初に出てきたところで正式名称を説明したか？（35 ページの 4.2.1 項参照）
- ☐ 数式中に使った記号はすべて説明したか？（48 ページの 4.3.1 項参照）

6. 論文の組立て

- ☐ 数式中の指数部にある分数表記等は斜線表記にしたか？（48 ページの 4.3.1 項参照）
- ☐ 数式中の括弧はくくる順番，種類が対応しているか？（48 ページの 4.3.1 項参照）
- ☐ 図表の番号，式番号は順番がそろっているか？（52 ページの 4.3.3 項参照）
- ☐ 図表の文字は小さすぎないで，添字まではっきり読めるか？（52 ページの 4.3.3 項参照）
- ☐ グラフの両軸に単位を入れたか？（66 ページの 5.1.6 項参照）
- ☐ 考察した事実が容易に理解できるようにグラフの表示範囲や軸を工夫したか？（66 ページの 5.1.6 項参照）
- ☐ 図表をカラーで作成したとき，白黒で印刷しても明確に区別がつくか？青色や緑色は薄くて見にくくならないように濃い色を使っているか？（79 ページの 5.2.3 項参照）
- ☐ 考察部分で論文の主題がきちんと説明できているか？（86 ページの 6.3.3 項参照）
- ☐ 得られた結果は，どこが新しいのか？ 求めた結果の有効な範囲はどこまでなのかを明確に示したか？ 通常得られた結果は限定された条件のもとで導かれたりしている．他の論文の結果とどう異なるのか？ 計算結果や実験結果は誰が導いても同じ結果になるような信頼性があるものか？（86 ページの 6.3.3 項参照）
- ☐ 序論において論文の位置付けや他の関連研究との違いが明確か？（88 ページの 6.3.5 項参照）
- ☐ 論文表題は自分が表したい論文の主題を正しく表現しているか？（89 ページの 6.3.6 項参照）
- ☐ 参考文献の引用順は文頭から順番になっているか？ 引用文献名や書誌情報は正確か？（90 ページの 6.3.8 項参照）
- ☐ 英文部分のスペルチェックをしたか？（90 ページの 6.4.1 項参照）

7 投稿から出版まで

作成した論文原稿をいよいよ学術論文誌に**投稿**する．本章では提出された原稿が最終的に学術的に価値のある論文とみなされ，学術誌に掲載されるまでのプロセスについて説明する．

7.1 有審査論文の投稿から出版までの流れ

学術論文誌に掲載されるためには 1.2 節でも説明したように，通常**査読**といって同様の研究をしている複数の研究者によって，その原稿の内容が正しく，論文として学術的な価値があるかが評価され，それらの意見を基に論文誌の編集委員会が最終的に掲載するかを判断する．このように査読によってチェックを受けて掲載された論文を**有審査論文**と呼ぶ．論文投稿から掲載までの一般的な流れを図 **7.1** に示す．

論文原稿が投稿されてから論文として認められて，最終的に学術論文誌に出版されるまでには，順調にいっても最低半年，長いと 1 年以上かかる場合もある．

7.2 具体的な作業

7.2.1 投　　　稿

論文原稿を投稿するときには，その投稿先の論文誌やその発行団体のホームページ等に記載されている投稿要領をよく読み，必要書類をそろえる．投稿に必要なのは論文原稿だけでなく執筆者情報等も必要となる．また掲載されるこ

7. 投稿から出版まで

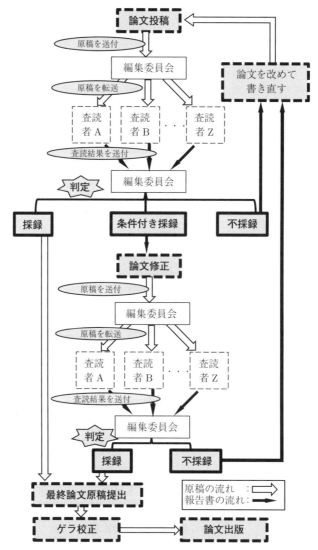

図 7.1 有審査論文の論文投稿から出版までの流れ

とを前提に著作権譲渡の契約書類に署名が求められることも多い．

最近は郵送にかかる時間を惜しみ，すべての関連ファイルをまとめてホームページからアップロードするか，電子メールで事務局へ送付する方式が多いが，

署名した著作権譲渡書類は別途，正本の郵送を指示される場合もある．

7.2.2 著作権譲渡とは？

著作権法について 2.3.1 項で説明したように，研究の成果として公表された論文も著作権法の対象となる著作物であり，著作者はその出版物に対して著作権を保有することになる．通常，学術誌に掲載する論文の出版に関する権利を，その学術誌を出版する出版社や学会に譲渡することになる．この書類が**著作権譲渡書類**である．

著作権を譲渡するといっても，その研究の成果を譲渡するわけではなく，その成果である論文を出版する権利を譲渡するのであって，今後の研究に支障があるわけではないが，すでに出版した論文の二次利用や複製をするときに注意が必要である[†]．譲渡契約はその出版社や学会によってその譲渡する範囲や内容が異なるので，詳しくはその契約書の内容を読み，必要があれば説明を受けること．

7.2.3 査　　　読

投稿原稿が編集委員会宛に届き必要書類がそろっていれば，編集委員会は担当委員を割り当てる．担当編集委員はその原稿を読みキーワードや原稿に引用されている参考文献を手がかりにして，関連の研究を行っている研究者を探して，原稿の論文概要部分を送り，その原稿の査読が期日までに可能か問い合わせる．査読者から了解が得られれば，直ちに論文原稿を送って査読が始まる．

誰が査読するかは担当編集委員しか知らない情報であり，もちろん執筆者にも非公開である．編集委員会の委員や査読者もどんな内容の論文原稿が投稿されたかや，その論文原稿を誰が査読したかなどを他人に漏らさない**守秘義務**が課される．

通常レターと呼ばれるような 2, 3 ページの短い論文を除いては，複数の査読者が割り当てられて，査読者は 3 週間程度で査読報告書を編集委員会宛に提出

[†] 二次利用については 16 ページの脚注を参照．

する.

7.2.4 査読報告書

査読者は論文原稿を読み，さまざまな角度からその原稿の価値を評価する．よく用いられている項目は以下のようなものがある．こうしたすべての項目に対して，よい評価が付かなくても構わないが，少なくとも新規性や信頼性を含む複数の項目に対して査読者が好意的な評価を付ける必要がある．

- ★ **新規性（novelty）** 原稿に書かれている内容は，今までに発表されていない新しい方法や新しい結果を示した内容か？
- ★ **信頼性（reliability, credibility）** 原稿の定式化，計算結果，実験方法，実験結果に間違いはない信頼のおけるものであるか？
- ★ **独創性（originality）** 原稿で示された手法やそれに基づいて得られた結果は，今までに提案されているものとは異なる独自なものがあるか？
- ★ **有効性（effectiveness, validity）** 原稿で示された手法やそれに基づいて得られた結果は，今までに提案されているものに比べて，有効性があるか？
- ★ **読みやすさ（readability, legibility）** 原稿は論文として一つの完結した構成になっているか？ 読者が理解しやすいように正しい用語を用いてわかりやすく説明しているか？ また執筆者が母国語でない言語で原稿を書いているとき，文法の誤りやスペルミスは多くないか？

以上のような項目に対して査読者は，間違っている可能性のある点，不明な点，理解できない点等を指摘し，原稿に対して自分なりの評価を以下の3種類のいずれかの判定で報告する[†]．

（1） 採録判定 このまま，もしくは軽微な照会事項があるが，論文として採録してもよいと考える．

（2） 条件付き採録判定，あるいは照会後判定 このままの原稿では，論文として採録は無理である．しかし価値のある内容を含んでいるので，不明確

[†] 論文委員会によって査読報告書の書式が違うので，判定も3種類でない場合もある．

な部分や不十分な議論を補えば,論文として採用できる可能性が高いと考える.

　(3)　不採録判定　　価値のある内容を含んでいるが,不明確な部分や十分に議論されていない部分がたくさんある.それらのための修正や追加説明にはかなりの時間がかかると予想されるので,いったん不採録の判定として**再投稿**を促したい.または論文としての新規性や信頼性等が認められない(あるいは乏しい)ので,採録はできないと考える.

7.2.5　編集委員会の採録判定

　編集委員会は,複数の査読者からの査読判定報告書を受け取ると,それらを基に最終判定を下す.各査読者からの判定が異なる場合もあるので,担当編集委員が再度原稿を読んで,査読者の指摘の確認をしたうえで,査読者からの意見を集約して総合的に採録の可否を判断する.その判定結果は執筆者と査読者に最終判定書を付けて連絡される.

　(1)　採録判定書　　査読者からの原稿に対するコメント,評価を総合して採録になったことが書かれる.修正はまったく必要ないか,あるいは軽微な修正要求があるかが記載され,最終原稿の提出についての指示がある.

　(2)　条件付き採録判定書,あるいは照会後判定書　　査読者や編集委員からの指摘によって,原稿には不明確な部分,議論が足りない部分があり,論文として採録するには原稿に修正が必要である理由が報告される.判定書には,どの点を修正しなければいけないかの条件が明示され,それを検討したうえで,ある期間内に原稿を修正して提出すれば,再度査読者からの意見をもらったうえで,採録の可能性があることが説明される.

　(3)　不採録判定理由書　　採録できない理由,例えば「すでにほぼ同じ内容が発表されている文献(その文献情報を引用)があり新規性が乏しい」とか,「解析的な導出の過程の式(5)に間違いがあり,それ以降の解析が信頼性に乏しい」などが明記される.こうした理由は執筆者に理解してもらえるように,かなり具体的に書かれているはずである.

7.2.6 判定に対する執筆者の対応

編集委員会からの原稿採録に関する判定書を読み，それぞれの判定に対して，以下のような対応をとる．

（1） 採録判定に対して めでたく原稿は学術論文誌に掲載されることになった．もし軽微な修正あるいは確認事項，コメントがあった場合には，それに対して原稿の修正を行う．その修正した最終原稿に修正箇所がわかるようにマークし，それぞれの確認事項等に対してどのような対応をしたのかを記した回答書を付けて事務局に送付する．

（2） 条件付き採録判定，あるいは照会後判定に対して 判定書をよく読み，修正を条件付けられたところがどこで，何が問題とされたかをよく検討し，その部分に対する回答を用意するとともに原稿の修正を考える．必要に応じて，文章や図表を追加したり差し替えたりする．判定書には修正の条件ではないが，原稿をさらによいものにするための査読者や編集委員会からのコメントもあるかもしれない．査読者や編集委員会から指摘された**修正が条件**になっている**すべての項目**やコメントに対して回答書を準備し，前回提出した原稿との相違点が明確にわかるようにマークして，指定された期日までに修正原稿を提出する．

執筆者は判定書に書かれている査読者や編集委員会からの指摘，意見には，原稿に書かれた主張を理解してもらえていなかったり，誤解されたりして，納得できないかもしれない．しかしもう一度，執筆者の立場から離れて，査読者の立場で批判的に読んでみると，原稿の書きかたが悪くて誤解を招きやすい文章になっていたりするところが見つかることが多い．こうした箇所を謙虚に修正することで，よりわかりやすい論文になっていく．

この条件付きの採録判定に対する修正原稿の受付は，通常1回しか認められていない．もしこの修正で査読者や編集委員会が納得する明確な回答がなされていないと判断されると，不採録の判定になるので修正は慎重に行うこと．

（3） 不採録判定に対して 投稿した原稿には論文としての価値を見つけてもらえず，採録に値すると判定されなかったことは残念である．判定書をよく読み，何がいけなかったのかをよく考えてみる．

例えば新規性が乏しいという評価なら，理由書には執筆者が知らない文献が書かれているはずで，その論文には同様の研究結果がすでに報告されているのかもしれない．これは執筆者の文献の調査が足りなかったということである．もしその文献を知っていたのに引用していなかったのなら，執筆者がわざと同様の研究をしている事実を隠したと査読者は考えたかもしれない．その指摘された論文を知らなかったのなら，その論文をよく読むことで，自分の研究成果や結果との違いをはっきりさせることができれば，新しく新規性や独創性を主張できるかもしれない．また解析や実験の方法が間違っていて信頼性が乏しいという指摘なら，再度やり直して，もっとよい結果が得られるかもしれない．

担当編集委員が査読を依頼した研究者は，執筆者と同じ研究分野ではない場合もあり，考えてもいなかった異なる視点での指摘をしてくる場合もあり，今後の研究の方向を考えるうえで，十分参考になることが含まれていることもある．

原稿は再度見直して修正し，改めて同じ学術論文誌に新規投稿として投稿することも可能であるし，異なる学術論文誌に投稿することもできる．そうすることで，異なる査読者や編集委員会から，別の評価をもらえることもある．せっかくいただいた研究者からの査読意見なので，それをぜひ活用してつぎの研究の糧にしてほしい．

もし不採録の判定書の内容に事実誤認があったりして不採録に納得がいかない場合には，編集委員会に対し判定に不服であるという申立をする道も通常設けられており，所定の期日内に不服申立書を編集委員会に対して送り，再度判断を仰ぐこともできる．申立をする，しないにかかわらず，冷静に判定理由書を読み，再度自分の原稿をよく見直すことが必要である．

7.2.7 ゲ ラ 校 正

最終的に採録になった原稿は編集事務局でまとめられて，通しページ番号を付けて論文誌の体裁にあった印刷用の原稿に組み直される．この原稿が論文誌の発行1か月半前頃に執筆者のところに最終確認のために送られてくる．この印刷用の原稿に間違いがないかを確認する作業を**ゲラ校正**（galley proof-reading）

という．

　原稿用紙に手書きで原稿を書いた時代には，この校正作業は大変で，原稿から文字を拾って起こした活版の印刷原稿は，拾った文字が違っていたり，職工さんの専門が異なるためにギリシャ文字や特殊記号，斜体でなかったりと最後の印刷前のこの工程が大変な作業であった．

　しかし最近は執筆者がその論文誌のためのスタイルファイルを用いて原稿を作り，電子ファイルで原稿が受け渡されるので，印刷製版過程での文字化けはほとんどなく，編集作業は楽になっている．

　編集事務局でもゲラ校正の原稿に，文章として不適切な表現やレイアウト上好ましくない部分を赤字で修正，あるいはコメントをいれる**校閲**作業を行っているので，そうした箇所をよく確かめて必要があれば指示を編集部へ返す．

　校正で注意しなければならないことは，この段階で可能なのは，論文の本質的な内容にかかわらない字句の誤植の修正等であり，論文の内容を変更できないということである．もし大幅な変更をすると原稿の修正とみなされ，再度査読のやり直しになってしまうことになる可能性が大きい．

　ゲラ校正の指示は欄外に修正箇所を引き出すなどして赤字で目立つように明記し，必要があれば事務局と相談すること．校正指示があまりに多いときは再校正をすることもあったが，今はほとんど再校正を行わない．したがって原稿を確認する最後の機会であるので，事務局に明確に指示が伝わらないと，誤植のまま出版されることになる．一度出版された論文のミスは校正を見落とした執筆者の責任も大きく，訂正を出すことも可能ではあるが，別途，追加の編集作業や掲載にかかる費用を請求されることもある．

8 発表のしかた

本章では自分の研究成果を発表するときの発表のしかたについて説明しよう．学生であれば，研究室内の研究打合せに始まり，論文をまとめた卒業研究・修士論文の発表会，博士学位請求論文の公聴会，もちろん学会での発表もあるし，最近は就職活動中に自分の研究内容を紹介する機会もある．就職後にも社内の各種打合せ，顧客への説明・紹介などいろいろな発表をする機会が続く．

1章でもふれたが，発表する内容はそれを聞いてくれる聴衆が誰であるかを考え，その人の知識，専門のレベルに応じて発表資料を作る必要がある．発表者がその発表内容や説明を聴衆に聞いてもらう努力をしなければ，相手に響かない．特に発表資料中の専門用語には注意する．

ここではおもに学会での研究発表を対象として説明するが，いろいろな発表の場にも当てはまることが多いはずである．

8.1 口頭発表かポスター発表か？

研究成果の発表の形式として**口頭発表**（oral presentation）と**ポスター発表**（poster presentaion）の2種類がある．

口頭発表は会場前方に演壇を設けスクリーンを置き，発表者はスライド資料をスクリーンに投影し，聴衆は前方を向いて椅子に座って発表を聞くいわゆる**スクール方式**と呼ばれる形で発表される．技術研究の発表の場合には，スクリーンに投影しないで，配布資料だけで発表する場合はほとんどない．したがってアニメーションや画像を含めた効果的な発表ができる．口頭発表は，それぞれ

108　8. 発表のしかた

の個々の発表に対して発表時間が設けられているので，発表件数が多いと講演時間を短くするか，講演会場を増やして並列に発表することになる．

これに対してポスター発表は比較的広い会場に個々の発表用ポスターを貼る掲示板を用意してポスターを掲示し，発表時間内に発表者と見学者がその前で自由に議論する方式である．見学者はあらかじめ講演集やポスターを見て，興味のある研究を選んで研究討論ができる．最近はポスターの掲示時間を長めに設定して，ポスター発表者も他のポスターを見る時間をとれるように，設定されたコアタイムにだけ待機するようにしたり，同種の研究分野のポスター発表を集め，その研究内容を簡単に紹介する時間を設けたりして，運営方式が工夫されるようになってきた．

講演場所と講演時間の制約から，口頭発表の数が制限される関係で，それ以上の講演希望の発表をポスター発表に振り分けることもあるが，最近は分野を決めてその分野のすべての発表をポスター発表にする場合もある．

以下にそれぞれの発表形式に分けて発表のしかたを説明しよう．

8.2　口　頭　発　表

8.2.1　発表スライド資料

最近の口頭発表は，パソコンで作ったスライドファイルを，直接パソコンから液晶プロジェクタへ転送してスクリーンへ映す方式での発表が多い．使用するソフトウェアはマイクロソフトオフィスの一つであるパワーポイントが主流である．このソフトによれば多彩な文字，画像のアニメーションや音，映像の制御まで簡単にこなせ，効果的な発表資料が作成できる．以下に作成のポイントを紹介しよう．

（1）　1枚のスライドに情報を入れすぎない　　それぞれのスライドにはあまりたくさんの情報を詰め込まないようにする．たくさん入れようとすると，字の大きさも行間のスペースも小さくなり，ゆとりがないスライドになる．

（2）　文字の大きさ　　スクリーンに映ったときの文字の大きさを考えて大

きめの文字を使う．発表会場の広さと設置してあるスクリーンの大きさにもよるが，遠方にいる人がはっきり見えるためには，20ポイント以上の文字が必要である．

（3）**文字フォント**　4.3.3項の図表の作成のところでも述べたように，日本語はゴシック体，英語はサンセリフ体のフォントを使うと文字の太さが均一となり遠方からも文字が見やすくなる．

（4）**要点を箇条書きに**　スライド原稿には重要な文章や結果を除いて，長々とした文章を入れない．要点を箇条書きで書き込むほうがよい．スライドに書いてある文章を読むために発表者がいるのではない．書いてあることを発表者がただ読むのは聴衆に対して失礼である．なぜならそれは，あたかもそこに書いてある文章を読めない聴衆のために読んで聞かせているという態度に見えるからである．

（5）**カラーも効果的**　液晶プロジェクタならカラー表示も問題ないから，スライド原稿は目立つ色を使って効果的に作る．**補色**[†]どうしの色の組合せはたがいの色を引き立てあう**補色調和**といわれる相乗効果が一般的にある．ただし補色関係の色を多用すると見ている人は目が疲れるので，あまり多用しないようにする．プロジェクタの性能にもよるが，3原色のうち緑系の色は薄くなりやすく，きれいに色が出にくい．緑系の色で文字を表すときには濃い目の色を使うほうがよい．

（6）**メッセージを込める**　伝えたい内容に説明を絞る．きれいな画像や手の凝ったアニメーションは印象的に見えるが，あとできれいだった，素晴らしかったことだけが頭に残り，本当に伝わるべき内容が残らないことがある．

（7）**切り替えのペースは遅めに**　つぎつぎとスライドを切り替えない．発表者はよくわかっている事実であっても，聞いている人にとっては初めてのことが多く，考えながら見ているので，理解に時間がかかる場合もある．早く

[†]　赤から紫までの代表的な24（または12）色を波長スペクトル順に円環上に並べた**色相環**において，反対側に位置する相補的な色のこと．例えば赤と緑，青と黄がそれぞれ補色の関係にある．

てもスライド1枚には1分をかけて説明するつもりで作る．したがって10分の発表時間なら10枚程度，20分の発表時間なら20枚程度のスライドが望ましい．

(8) 見出しと通し番号を入れる　各スライドには簡単な見出しと通し番号（ページ番号）を入れる．発表の途中で聴衆が質問したいと思ったときに，それらがあると発表後にそのスライドを再表示する目安になるからである．

(9) フォントチェック　特殊なフォントの文字，画像，映像，アニメーションファイルを使うときにはできるだけすべて情報を一つのファイルに埋め込むようにする．特にファイルを会場のパソコンにアップロードするときに，再生をよくテストしないと，思った効果が出ないことがある．特に海外での発表のときに，日本語フォントが標準で入っていないパソコンで表示するとき，空白（スペース）フォントや，数式や図中のギリシャ文字を全角で入力していることに気がつかないで，発表時に文字化けして慌てることがある．

(10) 詳細は予備スライドへ　定式化や実験手順の詳細，追加データ等はあとの質問の回答に使えるかもしれないので，予備スライドとして準備し発表予定最後のスライドのあとに，空白のスライドを挟んでそれ以降に入れておく．空白のスライドを挟むのは発表時に誤ってつぎのスライドを出そうとしても，予備スライドが映らないようにするためである．

(11) バックアップファイル　パソコンやファイルの紛失，不具合に備えて，必要なファイルをUSBメモリ等に入れてもっていく．

8.2.2　十分な練習を

よほど発表に慣れている人でない限り，ほとんどの人は多かれ少なかれ本番で緊張する．軽度の緊張は発表によい影響を与えてくれることもあるが，時として緊張のあまり，自分が何を説明しようとしていたかも忘れてしまうことがある．発表時の緊張を和らげるには，場に慣れることと繰り返しの練習しかないと思う．

慣れていない発表者は原稿を手にもって話したがるが，もっているとついつ

い見て話してしまう．緊張して忘れそうで心配なら万が一のお守りにもち込んでもよいが，演台の上に置いておくこと．できるだけ見ないで聴衆を向いて話すこと．原稿を読むと説明が早口になる．

　発表の原稿を一字一句間違いなく無理やり暗記しようとする人がいるが，そのような人に限って，そのスライドで説明すべき最初の言葉が出てこなくて，余計に緊張してしまい，ぎこちない発表になったりする．万が一説明する内容を思い出せなくても，各スライドで最低いわなくてはいけない重要な説明・主張が，スクリーンに映し出されたそのスライドから気がつくようにキーワード等を入れるようにしておく．

　緊張すると話すスピードは速くなるのが普通で，発表練習では予定のもち時間を少しオーバーするくらいがよい．

　時計を演台においで測りながら話をしてもよいが，発表終了5分前あるいは3分前には終了前を示す予鈴か座長からの合図があるので，その時間を目安に発表スライドの進捗を調整する．

8.2.3　指示棒の使いかた

　発表会場には**指示棒**や**レーザポインタ**が用意されており，発表者が強調したいときには使用できるようになっている．

　スクリーンの大きさや発表会場の造りによるが，指示棒がスクリーンに届くようであれば指示棒の使用を勧める．それは発表者がポインタを使うときより，移動したり手を大きく動かしたりするほうが，会場の人の注意を引けるのと，発表者も動くことによって緊張が少しほぐれるからである．

　レーザポインタを使うときは決して振り回したり，早く動かしたりしないこと．見ている人は大変見にくく，目が疲れる．また緊張しているときにレーザポインタを使うと，手の微妙な震えが増幅されてスクリーンに映るので，非常に見苦しくなる．もし発表中に手が震えてしまっているのがわかったら，腰の部分にポインタをもった手を固定したり，ポインタを両手でもつなど工夫するとよい．

8.2.4　下　準　備

　発表前の発表会場の下見は重要である．思いもかけない大きな会場に突然入ると，会場の広さに圧倒されてしまったりする．例えば会場の広さ，スクリーンの大きさ，プロジェクタの位置，操作パソコンを置く場所，演台，指示棒，マイクの有無を調べる．

　発表資料は自分のパソコンをもち込むのなら，プロジェクタとの接続チェックが必要であるし，もし発表用のファイルを備え付けのパソコンにアップロードするのなら，事前にアップロードしたうえで表示ソフトを立ち上げて投影を確認する．備え付けのパソコンの場合には，内蔵している表示ソフトのバージョンや投影時のキー操作が，自分のいつも使っているものと違ったり，使っているフォントが文字化けしたり，埋め込んだはずの映像ファイルがうまくリンクされなかったりすることがあるので，十分点検する必要がある．

　右利きの人は指示棒やポインタを使うときは右手でもって発表することが多い．そのとき発表者が聴衆のいる正面を向いて話すためには，聴衆側から前方スクリーンを見たとき，向かって右側に発表者が立つほうが，指示棒をもつ手が体の前を通らないので好ましい．手が交差すると，体の向きがどうしても横に向くようになり，誰に対して話しているのかわからなくなる．もちろん演台の位置が固定されているときはしかたないが，演壇のうしろ側で銅像のように立って話すだけでなく，時には場所を移動し身振り手振りも入れて発表する．

　またできるだけたくさんの聴衆が投影されたスクリーンを見ることができるように，発表するときの立つ位置にも注意する．

8.2.5　いよいよ発表

（**1**）**座長にあいさつ**　大きな学会発表の場合，講演は各専門分野ごとのセッションに分けられている．そのセッションの開始前の休憩時間には余裕をもって講演する会場に入ろう．

　それぞれのセッションにそのセッションを取り仕切る座長が割り当てられている．座長は会場の前のほうに着席しているので，セッション開始前に必ずあ

いさつをして自己紹介をし，どの講演を発表する者であるかを伝える．座長は発表時間の調整や講演前に発表者の紹介をしてくれる．もし発表者が初心者であれば，座長にそれを伝えておけば，発表時にも何かと助けてくれる．

（2）**聴衆を向いて話す**　いよいよ自分の発表の順番が来た．とにかく落ち着いて行動すること．まずは座長が発表者を紹介してくれているうちに，スライドの投影準備をしながら大きく深呼吸をしよう．また最初に大きな声でゆっくり話しだすと，のどの緊張がほぐれる．

発表者はできるだけ聴衆のほうを向いて話すこと．視線は聴衆のある特定の一人に合わせるのではなく，額のあたりにおいて全体を見渡すようにしてゆっくり話す．発表資料の投影に戸惑って，パソコンやスクリーンばかりを向かないようにする．

発表終了5分前あるいは3分前頃に終了が近いことを示す予鈴か座長の合図があるので，予定時間を超えないように，発表終了までのスライドの枚数を勘案してまとめに入る準備をする．

（3）**質疑応答**　発表が終わると質問の時間に入る．発表は自分で話す内容を準備することができ一方的に説明できる．しかし質問については何を質問されるかまったく見当がつかないので不安になるのは当然である．よくあるのは緊張しているせいで，質問者が聞いている内容が聞き取れないことがある．その場合には遠慮なく質問者に「このような意味の質問でよろしいですか？」と質問を確認したり，「すみません．質問の内容が理解できませんでしたので，もう一度復唱していただけませんか？」と聞き返す．質問の正確な意味がわからなければ，その質問にもちろん正しく答えることはできない．

もし質問に対する正確な答えをとっさに思い浮かばないときには，正直にその件はわからないので，あとでよく考えて回答したいと答えればよい．いい加減な回答は質問した人にとっても困る．共著者や座長からの援護もあるかもしれない．

（4）**発表終了後の反省**　講演終了後できるだけ早いうちに，発表で気がついたことや，質問と回答内容をメモしておく．あとで再度発表内容をチェッ

クするのに役立つ．

　自分の発表が終わりセッションが終了して，座長と話ができそうであれば，ぜひ，再度あいさつをするとよい．発表についての感想やコメントをもらえたり，顔を覚えてもらえばつぎの発表の機会にも話をしたり，研究の相談ができるかもしれない．

　もし質問者がいればその方にもあいさつしておきたい．うまく答えられなかったのなら，それを詫びればよいし，発表後席に戻って落ち着いて考えたときに，質問に対するもっとよい回答が思いついているかもしれないから，それを伝えることもできる．質問してくれたということは，自分の研究に興味を示してくれたということであるからその方も同様な研究をしている可能性が高い．いろいろなアドバイスももらえるかもしれない．

　また発表したスライドファイルを会場のパソコンにアップロードしていたら，研究データを不正使用されるのを防ぐ意味でも，できるだけ自分で削除しよう．

8.3　ポスター発表

8.3.1　発表ポスター作成

　ポスター発表の場合，会場に掲示板が用意されB1判もしくはA1判程度の大きさの用紙が掲示できる．カラー印刷を使ったインパクトのあるポスターを作りたい．最近はポスター資料もスライド資料と同様，パワーポイントやワードのプログラムを使って作ることが多い．

　（1）用　　紙　掲示用紙が大きいので，大型プリンタで厚みのあるポスター用の用紙に出力することが望ましい．準備した大判のポスターは学会の講演会場までのもち込みが大変である．特に遠方の会場で，飛行機を使って旅行して参加する場合には，預けた荷物の不達や紛失に備えて，ポスター用の入れ物に丸めて入れて機内にもち込むようにしたい．

　最近は学会が印刷サービス会社と提携してあらかじめ転送しておいたファイルからポスターを印刷して，会場に届けてくれるサービスもある．また折りた

たんでも，しわのつきにくい布地に紙を裏打ちした用紙に印刷して，印刷後に裏の紙をはがすような印刷用紙も市販されている．

　小型のプリンタでも分割して印刷できる機能をもったものもあり，A4 判の用紙の貼合せで作ることもできるが，見栄えはあまりよくない．またスライド原稿を並べてポスター代わりに掲示しているのを見かけるが，これも好ましくない．いずれにしても，直前に気がつくことが多いタイプミスや誤植の修正・再印刷に備えてファイルを USB メモリ等でもっていくこと．

　（2）文字フォント　パソコンでポスターを作るとき，画面スクリーンが実際の用紙よりも小さく，ポスター全体を見ながら作成できないので，文字の大きさやバランスに注意する．特に作成時にパソコンの作成ソフトのほうで用紙の大きさをあらかじめ指定して作成しないで，印刷時に拡大して印刷すると，文字や図の大きさがそれに伴って変化するので，仕上がりの文字や図の大きさが予想しにくい．また使用文字はできるだけ**アウトラインフォント**[†]を使っておく．

　（3）ポスター書式　もしポスターの書式が指定されていれば，それに従う．上部に大きく論文標題と著者・所属情報を入れ，縦置きなら 2 段組，横置きなら 3 段組程度に段分けして記入する．通常は 1 枚のポスターに序論から結論までが入るように構成を考える．ポスターは近くで見学できるので，使用文字の大きさは比較的小さくても読めるが，本文は 12 ポイント程度にする．

8.3.2　下準備

　ポスターセッション前にポスター会場でいつから掲示が可能か，また会場でどのくらいの時間待機するかを調べておく．掲示板の大きさや掲示方法は事前に知らされているはずであるが，掲示板へポスターをピン止めできるのか，テープで貼るのか確認する．もし不明な場合には，両方の可能性を考えてピンやテー

[†] アウトラインフォントはそれぞれの文字の輪郭データを，曲線データとしてもっているため，使用する文字の大きさにかかわらず拡大してもきれいな文字が出力できる．それに対して決められた数の点の集合として作られたフォントを**ビットマップフォント**と呼び，拡大すると文字出力が粗くなりきれいな印刷出力が得られない．

プを準備する.

セッション時間中にポスター前で簡単な発表をする機会があるのであれば，それに備えて5分程度で一通りの説明ができるように準備するとよい．

8.3.3 いよいよ発表

口頭発表に比べて発表時間に対して時間的な制約が少ないので，見学者からの質問には十分対応できる時間がある．できるだけ講演論文のコピーや発表を補足する追加の資料，参考文献を示すことができるように印刷してもっていくとよい．

前もって講演論文集や掲示したポスターを見て，その研究内容に興味をもってきてくれる人もいれば，ポスターセッション発表会場を回ってくる人もいる．発表者から声をかけにくいかもしれないが，立ち止まってポスターを見てくれている人に勇気をもって話しかけてみよう．

たくさんの人が来てくれている場合には，できるだけ多くの人と討論できるように，知人と話しこんだり，掲示板の前を長く留守にしないようにする．

8.4 他人の発表を聞くのも勉強

学会の大会で行われる講演発表会となると，自分の発表したセッション以外にもたくさんの講演がある．せっかく学会に参加し，講演したのであるからプログラムをよく調べ，同様の研究の発表を聞いていこう．少し専門が異なる内容の研究発表であっても，知識を広めることになる．

発表を聴講してうまい発表だと思ったら，そのテクニックを自分の次回の発表に取り入れればよいし，また発表がぎこちないと思ったら，自分ならどう説明するかを考えることによって，今後の自分の発表に活かすことができる．

学会には参考文献や教科書でしか名前を知らなかった著名な研究者もたくさん参加されており，いろいろと話を伺ったり，学会誌ではまだ得られない最新情報や研究動向の話などを聞くことのできるよい機会でもある．

コーヒーブレイク

電気関連の単位の話

電流の単位であるアンペア（A）は，SI 基本単位でもあることは 38 ページで説明した．アンペアは電流と磁気の関係を示した**アンペール**（Ampère, A. M.）の名前に由来している．以前は，硝酸銀の水溶液から毎秒 0.001 118 00 g の銀を析出する電流量から 1 A を定義していたが，1948 年に制定した新しい定義では，真空中に 1 m の間隔で平行に置かれた無限に小さい円形断面をもつ直線導体それぞれに流して 1 m ごとに 2×10^{-7} N の力を作る電流として定義された．

電圧の単位であるボルト（V）は，いわゆるボルタの電池で有名な**ボルタ**（Volta, A.）の名前に由来した SI 組立単位である．ボルタは電解液中に浸した異種類の金属間に電位差が生じて電流が流れることを発見した．銅板と亜鉛板の間に食塩水を浸み込ませた布を挟んで作ったボルタの電堆（でんたい）と呼ばれたものを改良し，希硫酸溶液に浸した銅板と亜鉛板を電極をして最初の化学電池といわれるボルタの電池を作った．この電池の電圧（正確には 1.1 V）が当初いろいろな実験の基準になっていた．現在の 1 V は電流 1 A を流した導体の 2 点間において消費される電力が 1 W のときの電位差として定義されている．

電気抵抗の単位である**オーム**（Ω）は，電流と電圧の比例関係を示すオームの法則で有名な**オーム**（Ohm, G.）の名前に由来している．組立単位が科学者の名前に由来するとき，通常はアルファベット表記の頭文字を用いるが，電気抵抗の組立単位名をオームにするとき，アルファベット表記の頭文字の O を使うと数字のゼロと混同しやすいことからギリシャ文字で表記したときの頭文字であるオメガ（Ω）を使い，オームと呼ぶことになった．以前の電気抵抗値の基準は，重さ 14.452 1 g，長さ 106.300 cm，温度 0 °C の均一断面の水銀柱がもつ電気抵抗値で定義されていたが，現在は 1 A の電流が流れる導体の 2 点間の電位が 1 V となるときの 2 点間の電気抵抗を 1 Ω と定義している．

引用・参考文献

本書をまとめるにあたり，多くの資料，書籍を参考にさせていただいた．

1) 木下 是雄，「理科系の作文技術」，244p., 中公新書，1981.
   《長い間多くの方に支持されてきた理系の文書作成の本．執筆された頃はまだ手書きで文書や図面を描き，研究論文を投稿するのが普通であったので，手書き中心で書かれているが，文書の構成のしかたや書きかたは十分役立つ．》
2) 中島 利勝，塚本 真也，「知的な科学・技術文章の書き方―実験リポート作成から学術論文構築まで―」，244p., コロナ社，1996.
   《初心者向けの文章例題が豊富で，グラフ・表の作りかたが詳しく解説されている．》
3) 神谷 幸宏,「Wordによる論文・技術文書・レポート作成術―Word 2013/2010/2007対応―」, 138p., コロナ社，2014.
   《MSワード（MS Word）を用いて文書を作成するときのスタイルの解説が詳しい．》
4) 奥村 晴彦，黒木 裕介，「LaTeX 2_ε 美文書作成入門［改訂第7版］」，448p., 技術評論社，2017.
   《数式や図表を多く含むような技術文書をはじめ，多種多様なスタイルの文書を自分でほぼ完ぺきな形で作成することができるワープロソフト LaTeX 2_ε の解説書．》
5) 日本学術会議，「声明 科学者の行動規範 ― 改訂版 ―」，2013.
6) 文部科学省,「研究活動における不正行為への対応等に関するガイドライン（平成26年8月26日 文部科学大臣決定）」，2014.
7) 酒井 善則，鶴原 稔也,「論文投稿に関わる剽窃等の問題についての考察」, Fundamentals Review, Vol. 5, No. 3, pp. 239–243, 電子情報通信学会，2012.
8) 毎日新聞 旧石器遺跡取材班,「発掘捏造」, 306p., 新潮文庫，2003.
9) "ISO International Standards ISO 80000", International Organization for Standards, 2008.
10) 「JIS 規格 JIS Z 8000」，日本工業標準調査会（JISC），2014. 最新の規格はホームページ https://www.jisc.go.jp/app/JPS/JPS00020.html （2018年11月）から閲覧可能であるが印刷等はできない．

11) 文化庁，「国語表記の基準」．最新の参考資料はホームページ http://www.bunka.go.jp/kokugo_nihongo/sisaku/joho/joho/kijun/sanko/index.html（2018 年 11 月）から入手可能．
12) 「内閣告示・内閣訓令」．最新の参考資料は文部科学省や文化庁のホームページ http://www.bunka.go.jp/kokugo_nihongo/sisaku/joho/joho/kijun/naikaku/index.html（2018 年 11 月）から入手可能．
13) 「新訂 公用文の書き表し方の基準（資料集）」，文化庁 編，2011．
14) 「学術用語集」，文部（科学）省 編．文部科学省が学会等を主導し編纂．「数学編」，「物理学編」のように，分野に分かれて作られており，発行は分野によって異なる出版社や学会が行っている．
15) 科学技術総合リンクセンター，J-GLOBAL．ホームページは http://jglobal.jst.go.jp（2018 年 11 月）
16) A. Thompson and B.N. Taylor, "Guide for the use of the international system of units (SI)", NIST Special Publication 811 2008 Ed., National Institute of Standards and Technology (NIST), 2008.
17) *CODATA recommended values of the fundamental physical constants: 2014*, Committee on Data for Science and Technology (CODATA), 2014.
18) *CODATA recommended values of the fundamental physical constants: 2014*, National Institute of Standards and Technology (NIST)，最新のデータは http://physics.nist.gov/cuu/Constants/（2018 年 11 月）から入手可能．
19) 白井 宏，「応用解析学入門」，274p.，コロナ社，1993．
20) 文化庁，「著作権制度の概要」．最新の参考資料は文化庁のホームページ http://www.bunka.go.jp/seisaku/chosakuken/（2018 年 11 月）から入手可能．
21) *IEEE Editorial Style Manual*, IEEE．最新の資料は IEEE のホームページ http://ieeeauthorcenter.ieee.org/create-your-ieee-article/create-the-text-of-your-article/ieee-editorial-style-manual-2017/（2018 年 11 月）から入手可能．
22) H. Bertoni, *Radio Propagation for Modern Wireless Sytems*, 258p., Prentice Hall PTR, NJ 2000.
23) *New Oxford Style Manual*, 3rd ed., 908p., Oxford University Press 2016.
24) *The Chicago Manual of Style*, 17th ed., 1144p., University of Chicago Press 2017.

索　引

【あ】

アウトラインフォント	115
あとがき	82
アブストラクト	81
アメリカ英語	90
あらまし	81
アンペア	38, 117
アンペール（アンペア）	117

【い】

異議申立	19
イギリス英語	90
育成者	
——権	15
意　匠	
——権	15
——法	15
一身専属権	16
移動平均	73
イムラッド	84
意　臨	10
引　用	54
——符	92

【え】

営業秘密	15
英　語	
アメリカ——	90
イギリス——	90
閲　読	23
エヌダッシュ（–）	44, 46
エムダッシュ（—）	44

【お】

送り仮名	29
オックスフォードルール	91
オーム	117
温　度	39
カ氏——，華氏——	39
セ氏——，摂氏——	39
セルシウス——	39
ファーレンハイト——	39

【か】

階　級	64
改ざん（改竄）	12
回　折	74
回路配置利用	
——権	15, 20
ガウス分布	62
科学技術振興機構	36
科学技術データ委員会	47
角括弧 [ ]	45
核　種	47
学術研究論文	2
学術単行本	23
学術用語	35
確率紙	65
正規——	65
確率密度関数	62, 63
カ氏温度, 華氏温度	39
片対数表示	66
括　弧	45
角——[ ]	45
亀甲——〔 〕	45
大——[ ]	45
丸——( )	45

【き】

活版印刷技術	4
巻	56
関　数	
確率密度——	62, 63
逆正弦——	51
誤差——	64
指数——	50
正弦——	51
多価——	51
単調増加——	64
余割——	51
累積分布——	64
カンデラ	38

記　号	
量——	45
技術報告書	2
起承転結	85
起承転合	85
拒絶査定	19
亀甲括弧〔 〕	45
キビビット	42
ギブス	
——の現象	79
基本単位	38
逆正弦関数	51
キャプション	52
級　数	
フーリエ——	75, 78
教　育	
倫理——	9
虚数単位	50
拒絶理由通知	19
許　容	30

索引 121

ギリシャ文字 34, 35
キログラム 38
キーワード 81

【く】

グーテンベルグ 4
句読点 32
組立単位 38

【け】

形式名詞 30, 31
形 臨 10
結 言 82
結 論 82
ゲラ校正 105
ケルビン 38, 39
元素記号 47
検 定 64

【こ】

号 56
公益通報 9
　——者保護法 9
校 閲 106
較 正 62
高速フーリエ変換 75
高調波 75
行動規範 5
口頭発表 107
公表権 16
公 報 19
公務員法 8
綱 領 9
国 際
　——単位系 SI 38
　——単位系（SI） 27
　——電気標準会議 27
　——度量衡総会 38
　——標準化機構 27
　——量体系 27
国立標準技術研究所 48
誤差関数 64
ゴシック体 53
コピペ 11

【さ】

財産権 16
最小自乗近似 71
最小二乗近似 71
再投稿 103
採録判定 102–104
雑 音 61
　ショット—— 61
　熱—— 61
　フリッカ—— 61
査 読 2, 8, 23, 99
産学連携 7
参考文献 83
サンセリフ体 53

【し】

シカゴルール 91
色相環 109
指示棒 111
私 信 58
指数関数 50
自然対数 40
実 験
　——報告書 1
　——レポート 1
実用新案 19
　——権 15
　——法 15
質量数 47
謝 辞 83
斜 体 55, 56
収 束 75, 78
主 値 51
出願公開 18
出願審査請求 18
術 語 35
守破離 10
守秘義務 7, 101
種苗法 15
照会後判定 102–104
条件付き採録判定 102–104
商 号 15
小数点 32

商 標
　——権 15
　——法 15
商 法 15
常用漢字 29
常用対数 41
贖宥状 4
ショット雑音 61
ショートペーパー 23
序破急 85
序 論 82
新仮名遣い 29
新規性 102
シングルクォート（' '） 92
信頼性 12, 22, 102

【す】

数表現 32
スクール方式 107
スミス図表 68

【せ】

正割関数 38
正規分布 33, 62
　対数—— 62
正弦関数 51
積分表記 50
セ氏温度, 摂氏温度 39
設定登録日 19
接頭語 41
説明書 3
セルシウス 39
線形目盛 66
千分率 41

【そ】

草 稿 85
増幅率 95
促 音 36
測定精度 60

【た】

大括弧 [ ] 45

対 数	40	
自然——	40	
常用——	41	
——正規分布	62	
——目盛	66	
多価関数	51	
ダッシュ記号		
エヌ——(-)	44, 46	
エム——(—)	44	
波——(〜)	44, 46	
ダブルクォート(" ")	92	
ダルトン	40	
単 位		
基本——	38	
虚数——	50	
組立——	38	
天文——	40	
短区間平均	73	
単調増加関数	64	

【ち】

知的財産	
——基本法	15
——権	14
知的所有権	14
長 音	36
緒 言	82
著作権	15, 16, 54
——譲渡	17
——譲渡書類	101
——法	15, 16, 54
著作者	
——人格権	16
緒 論	82

【つ】

通 則	29

【て】

デシベル	41, 67, 79, 95
データベース	82
転 載	53
——許可	17
電 波	74

【と】

天文単位	40
度	40
同位体	47
投 稿	18, 99, 100
動 詞	
補助——	30, 31
盗 用	10
登録料	19
特異点	
除去可能な——	76
特 許	
——権	15
——査定	18
——法	15
独創性	102
度 数	64
ドットマトリクス	26
ドラフト	85

【な】

内 閣	
——訓令	29
——告示	29, 30
内部告発	9
波ダッシュ（〜）	44, 46

【に】

二重投稿	13
二次利用	16, 101
日 本	
——工業規格（JIS）	27
——工業標準調査会（JISC）	27

【ね】

ネイピア	40
熱雑音	61
ねつ造（捏造）	11
ネーパ	40

【は】

バイト	41

メビ——	42
ハイフン(-)	4, 44, 46
背 臨	10
はじめに	82
パーセント	41
——ポイント	95
撥 音	36
発 表	
口頭——	107
——資料	3
ポスター——	107
パーミル	41
ばらつき	33
パーレン( )	45
判 定	
採録——	102–104
照会後——	102–104
条件付き採録——	102–104
不採録——	103, 104
凡 例	52

【ひ】

ヒストグラム	64
ビット	41
キビ——	42
——マップフォント	115
微分表記	50
百分率	41, 94
百万塔陀羅尼	4
秒	38
表 記	
積分——	50
微分——	50
標 準	
——正規分布	63
——不確かさ	34, 66
——偏差	33, 63
剽 窃	10
標 本	
——分散	64
——平均	64

【ふ】

ファーレンハイト	39

索　引　123

フェージング	74	【ほ】		【も】	
フォント		ポイント	95	文　字	
アウトライン——	115	パーセント——	95	ギリシャ——	34, 35
ビットマップ——	115	方形波パルス列	78	モ　ル	38
不採録判定	103, 104	方　式		【ゆ】	
フスト	4	EPS——	53		
不正競争防止		JPEG——	53	有効数字	33, 60, 66
——法	15	PDF——	53	有効性	102
不正行為	5	PS——	53	有審査論文	23, 99
不確かさ		TIFF——	53	【よ】	
標準——	34, 66	補　色	109		
プライム記号（′）	44	——調和	109	用　語	35
ブラケット[ ]	45	補助動詞	30, 31	余割関数	51
フーリエ級数		ポスター発表	107	読みやすさ	102
——展開	75, 78	ボルタ	117	【ら】	
フーリエ変換		——の電堆	117		
高速——	75	——の電池	117	ラジアン	40
フリッカ雑音	61	本　則	30	【り】	
付　録	83	【ま】			
文献調査	21			利益相反	6, 7
分　散	63	マイクロソフトワード		リコール	7
標本——	64		34, 97	立体角	40
分　布		まえがき	82	リットル	40
ガウス——	62	まとめ	82	利　得	95
正規——	33, 62	マニュアル	3	量記号	45
対数正規——	62	丸括弧 ( )	45	両対数表示	66
標準正規——	63	【む】		臨　書	10
レイリー——	62			倫　理	5
ワイブル——	62	むすび	82	——観	7
【へ】		無断利用	54	——教育	9
		【め】		——綱領	9
平　均	33, 63			【る】	
移動——	73	名　詞			
短区間——	73	形式——	30, 31	累積分布関数	64
標本——	64	メートル	38, 80	ルール	
平面角	40	——原器	80	オックスフォード——	91
ペーパー	23	——条約	80	シカゴ——	91
ベ　ル	40, 41	メビバイト	42	【れ】	
弁護士法	8	目　盛			
偏　差		線形——	66	例　外	30
標準——	33, 63	対数——	66	レイリー分布	62
編　集	55	免罪符	4	レーザポインタ	111
				レター	23

レーダ散乱断面積	96	論文		——要約	81
レビュー論文	23	有審査——	23, 99		
【ろ】		レビュー——	23	**【わ】**	
		——概要	81	ワイブル分布	62
ローマン体	53	——梗概	81	ワード	41

―――――◇―――――◇―――――

【A】		credibility	102	et al.	57
		csc x	51	**【F】**	
abstract	81	cumulative distribution			
acknowledgment	83	function	64	fabrication	11
alteration	12	**【D】**		fading	74
Ampère, A.M.	117			Fahrenheit	39
appendix	83	dash		falsification	12
Arcsin x	51	em dash (——)	44	Fast Fourier Transform	75
arcsin x	51	en dash (–)	44	FFT	75
average		dB	41, 95	flicker noise	61
— moving —	73	dBm	96	forgery	11
【B】		dBmW	96	Fourier	
		dBsm	96	—— series expansion	75
Bell, A.G.	41	dBW	95	**【G】**	
bit	41	discussion	84		
bracket[ ]	45	distribution		gain	95
byte	41	Gaussian ——	62	galley proof-reading	105
【C】		log normal ——	62	Gaussian distribution	62
		normal ——	62	Gibbs' phenomenon	79
calibration	62	Rayleigh ——	62	Gutenberg, J.	4
caption	52	Weibull ——	62	**【H】**	
CDF	64	DOS	26		
Celsisus	39	double submission	13	Hart's Rules	91
CGPM	38	DTP	26	histogram	64
Chicago Manual of Style	91	duty of confidentiality	7	hyphen (-)	44
CODATA	47	**【E】**		**【I】**	
COI	6				
conclusion	82	ed.	55	IEC	27
confidentiality		editor	55	IMRAD	84
duty of ——	7	eds.	55	introduction	82, 84
conflict of interest (COI)	6	effectiveness	102	ISO	27
copy and paste	11	em dash (——)	44	ISQ	27
copyright	16	en dash (-)	44, 46	**【J】**	
cosec x	51	EPS 方式	53		
cosecant function	51	error function	64	J-GLOBAL	36

JIS	27	parenthesis ( )	45	**【T】**			
JISC	27	PDF	53, 62				
JPEG 方式	53	——方式	53	TeX		26, 34, 97	
JST	36	plagiarism	10	thermal noise		61	
【L】		poster presentation	107	TIFF 方式		53	
		presentation		**【U】**			
least squares method	71	oral ——	107				
legibility	102	poster ——	107	unit			
ln $(= \log_e)$	40	prime (′)	44	SI ——		38	
log	41	private commnication	58	SI derived ——		38	
log normal distribution	62	probability density function	62	UNIX		26	
【M】		probability plot	65	**【V】**			
mean	63	proof-reading	105	validity		102	
sample ——	64	PS 方式	53	variance		63	
methods	84	**【R】**		sample ——		64	
MKS 単位系	38			verification		64	
moving average	73	radian	40	Volta, A.		117	
【N】		Rayleigh distribution	62	volume		56	
		RCS	96	**【W】**			
Napier, J.	40	readability	102				
NIST	48	reference	83	Weibull distribution		62	
noise	61	reliability	102	word		41	
flicker ——	61	results	84	**【記号】**			
shot ——	61	**【S】**					
thermal ——	61			©		16	
normal distribution	62	sample		– (en dash)		44–47	
novelty	102	—— mean	64	— (em dash)		44	
number	56	—— variance	64	〜 (波ダッシュ)		44, 46	
【O】		Sans-serif	53	- (ハイフン, hyphen)		44	
		shot noise	61	[ ] (角括弧, bracket)		45	
Ohm, G.	117	SI	27	〔 〕(亀甲括弧)		45	
OHP	3	——基本単位	38	( ) (丸括弧, paren)		45	
oral presentation	107	——組立単位	38	% (パーセント, percent)			
originality	102	—— derived unit	38			41, 95	
【P】		—— unit	38	‰ (パーミル, permil)		41	
		Smith chart	68	′ (プライム, prime)		44	
paren ( )	45	standard deviation	63				

―― 著者略歴 ――

1980年　静岡大学工学部電気工学科卒業
1986年　アメリカ合衆国ポリテクニック大学大学院博士課程修了（電気工学専攻），Ph.D.
1986年　ポリテクニック大学研究員
1987年　中央大学専任講師
1988年　中央大学助教授
1998年　中央大学教授
　　　　現在に至る

理工系の技術文書作成ガイド
Technical Writing Guide Book　　　　　　　　　　　　　　ⓒ Hiroshi Shirai 2019
2019 年 1 月 18 日　初版第 1 刷発行

検印省略	著　者	白　井　　　宏
	発行者	株式会社　コロナ社
		代表者　牛来真也
	印刷所	三美印刷株式会社
	製本所	有限会社　愛千製本所

112-0011　東京都文京区千石 4-46-10
発行所　株式会社　コロナ社
CORONA PUBLISHING CO., LTD.
Tokyo Japan
振替 00140-8-14844・電話 (03) 3941-3131 (代)
ホームページ　http://www.coronasha.co.jp

ISBN 978-4-339-07820-6　C3050　Printed in Japan　　　　　　　　　　（齋藤）

JCOPY　＜出版者著作権管理機構　委託出版物＞
本書の無断複製は著作権法上での例外を除き禁じられています．複製される場合は，そのつど事前に，
出版者著作権管理機構（電話 03-5244-5088，FAX 03-5244-5089，e-mail: info@jcopy.or.jp）の許諾を
得てください．

本書のコピー，スキャン，デジタル化等の無断複製・転載は著作権法上での例外を除き禁じられています．
購入者以外の第三者による本書の電子データ化及び電子書籍化は，いかなる場合も認めていません．
落丁・乱丁はお取替えいたします．